銷售幸福

業務開發實戰手冊

林金郎 著

新世紀美學　出版

天使為何鎩羽？

林金郎

　　銷售業，不是一個新興的行業，卻是一個越來越重要的行業，再先進的科技產品或服務機制，如果不透過銷售，都無法推展出去，而且隨著科技自動化與景氣長期陷於谷底，正式職缺大量減少，勢必會有更多人流動到銷售業裡來。有人在銷售業裡安身立命，有人在這裡揚名立萬，但也有不少人在這裡成為短暫過客，筆者衷心希望有更多人在這裡找到人生的花園，好好耕耘生命的良田，並有滿滿的財富與心靈的收穫，所以想和各位分享銷售人員的成功方法，但在序裡，要先談談那些失敗的原因，或許這很沉重，但如不擊敗心魔，打開心房，陽光怎麼進來？

心有千千結　事有萬萬難

　　許多在銷售業待不到一年甚至一季就離開的人，他們共同的特色就是：訪客量低得離譜。為何訪客量低得離譜？主要原因是：心中有結！他們認為去拜訪親友好似要去賺取他們的利潤，所以很難啟齒；那就從陌生開發開始做吧，可是被冷潮熱諷的拒絕幾次，便一肚子火的萌生退意，從此按兵不動，而期間因為無心戀棧，所以在推銷技巧和本職學能上也都沒有精進，最後當然是退出市場。

　　我們先來打開第一個結，您認同販售的商品嗎？如果不認同，那確實不宜久留，而且您必須找到一個衷心認同的行業當成事業與志願來戮力經營才會有成就，那些揚名立萬的人都是置之死地而後生的拼命，不是來玩玩，然後隨時說走就走的！當您認同了產業與商品，就必須服膺

一個原則：「業務員的職守就是喚起並滿足客戶的需求！」（這句話將在本書中不斷重複被提及）就如醫生的職守是救人，不能因為對方是個無理取鬧的陌生醉漢就袖手旁觀；老師的職守是教育，不能因為對方是個有暴力傾向的難搞學生就棄而不顧……。每個人都必須克盡他的職守，不論服務對象是親是疏；每個職業都有它的甘苦甚至危險性，不能因為遇到挫折或危難就退縮，這就是職業道德，有德斯有得，業務員不也是如此嗎？那麼，業務員還應該去區分對象是親友還是陌生嗎？應該為挫折而退縮嗎？人類活著就必須滿足需求，業務員的職守就是用正當的方法滿足人類的需求，甚至是保障人類的幸福，但很多人可能並不了解自己真確所需，譬如以整型為要，卻忽視健康的重要，所以如何不畏嘲諷幫客戶釐清並認知他的真正需求，便是業務員的存在價值，因此業務員必須熱忱並不畏刁難的去幫助每個準客戶認清他的需求，以保障他的幸福！如果有這個認知，便能較輕鬆的面對拒絕了！

　　我們再來打開第二個結，業務開發的成功率就某個程度而言是個機率問題（但這個機率可以透過學習技巧與實戰經驗而提升），以電話陌生開發為例，或許一千個對象只有一位肯接受訪談，但只要每天打五百通電話，一個月還是可以得到十五位準客戶。根據統計，電銷人員平均收入是行政人員的二至三倍，他們憑藉的是甚麼？就是絕對遵守達到活動量和交易流程 SOP（標準作業程序）的紀律！很多離開銷售業的人總計其從業期間甚至沒有打到五百通電話——一位優秀電銷人員一天的訪量，這樣又怎能告訴別人銷售很難做？世上哪有這麼

多「錢多事少離家近，睡覺睡到自然醒」月入數十萬的肥貓缺？所以要打開第二結：我做到該做的份內事了嗎？否則不要輕易否定。

話再說回來，這兩個結與其說是「臉皮薄」，真正內在的心聲卻是：「嬌懦」──嬌慢卻怯弱，害怕承擔、害怕失敗、害怕丟臉，不能吃苦、不能忍辱、不能幹旋，擔心這個、擔心那個、擔心天會塌下來，結果甚麼都沒做，無所成長，對社會也沒有貢獻，在充滿國際競爭力的現代，最後只能以不為五斗米折腰孤芳自賞或自認懷才不遇而徒呼咄咄。

青鳥老鳥　各有關卡

菜鳥離職率高，中鳥也會有離職的情況，其中最大的原因便是：客戶接續不上，備感辛苦！問題出在哪裡？銷售天使有兩隻翅膀，一隻是銷售，另一隻是尋找新準客戶，只會銷售不會尋找新準客戶的天使，也難免折翼！所以在銷售的過程中，業務員即不時需要透過請求舊識轉介紹、社區開發、社團開發、隨緣開發、積極舉辦與參與各種群聚活動……等方式認識更多人、獲得更多名單，如此才能有源源不絕的活水，否則最後仍難逃墜落的命運，這在本書都會有詳盡的說明。

那身親百戰，銷售與尋找新準客戶都很上手的老鳥會離職嗎？還是會，但老鳥離開銷售業的情況不是企圖心或技能不足，相反的，他們大多非常積極的爭取財富，就基督教新教義來說，勤奮、節儉的人爭取財富是道德的，華人也說：「君子愛財取之有道。」但這兩個說法都與「道

德」有關，如果業務員很積極的拚業績，可是卻有欺瞞客戶、不實招攬的事況，那就可能隨時會出事，據 2013 年金融消費評議中心報告，所有申訴案件中，業務招攬爭議就佔了 35.39%，可見超過三分之一的交易糾紛是直接出在銷售員身上！如果一個業務員的客戶申訴、交易糾紛偏多，甚至與人對簿公堂，那再會做業績的業務員最後都會黯然離開，甚至官司纏身！所以，除了法令、稽核等硬性規定必須嚴格遵守外，最主要還是必須養成視客如親、滿足客戶需求的心態，並成為最基本的行為準則，如此才能出乎真誠地為客戶設身處地著想，因而在銷售事業上紮得穩、走得久、賺得多！請注意這個程序：穩→久→多，如果次序顛倒了，那就像蓋房子沒有依照打地基→立棟樑→再美化的程序一樣，大樓再高都隨時可能坍方，銷售事業再絢爛，最後都會歸於黯淡！

結論：成功定律與不可逆定律

從上我們可以發現，業務員在「銷售就是喚起並滿足客戶需求！」的定律下，有幾個絕對不可逆的基本原則，否則便會失敗：

1. 無論親疏，絕對達到規定的活動量。
2. 沒有驕怯，絕對遵守交易流程 SOP。
3. 拒絕藉口，透過各種方法取得新準客戶新名單。
4. 不被利誘，不違背職業道德與法律規範。

杯子滿了便裝不下新東西，心滿了便會遲滯不前，心滿了可能是

恐懼，可能是嬌慢，可能是挫折感，可能是虛榮，也可能是利慾薰心，總之，現在起，把負面思考全部倒掉，有了虛懷若谷但勇敢積極的心態便能廣納百川而成其大，接受正向思考的成功方式，迎向光明燦爛的職涯，所以接下再來建立四個成功的定律：

1. 成功的定義：因為服務更多人而利人利己。
2. 成功的方法：科學管理與創意銷售。
3. 成功的態度：對客戶有愛，對自己有紀律。
4. 成功的價值：滿足社會需求，完成生命志業。

現在，就讓我們一起進行一場人生的成功之旅吧！

銷售幸福
業務開發實戰手冊

第七篇 米迦勒傳奇：成功經驗談

第八篇 陽光盟約：業務員三大守則

第九篇 身心靈健康：解除壓力緊張

第十篇　業務開發實戰～以準客戶電話初訪為例

第一篇

夢工廠：培養成功特質

我有成功業務員特質嗎？

成功業務員特質是什麼？

成功者特質是可以培養的，

但您要有堅定的意念和愛，

因為愛愈堅定，力量愈大！

檢驗您的成功業務員特質

美國知名銷售顧問蓋瑞‧史考特（Gary Schulte）曾在大作 ”Successful Life Insurance Selling ”一書中整理出「成功業務員十大特質」，後經筆者尋找績優訓練與業務同仁討論修正後重製成下表，首先來玩個遊戲，看看目前的您是否是推銷好手！

檢驗您的成功特質遊戲

每題 10 分，6 分及格，9 分優秀，滿分 100 分，遊戲開始！

1. 請自我檢測，您各項與總體自評分得幾分。
2. 請三位同事幫您評分，分別填入他評分。
3. 將他評分平均。
4. 將自評分與他評分平均相較。
5. 與同事相互溝通意見，了解外界對自己的看法。

1) 請自行評分　　　2) 請三位同事幫您評分　　　3) 將他評分平均

因素特質	自評	他評分1	他評分2	他評分3	他評平均
人際關係特質					
1. 能和家人、朋友、夥伴、鄰居建立親密關係					
2. 喜歡每個人，因而讓大多數的人喜歡您					
3. 跟個性不同的人仍能合作					
夢想實踐特質					
4. 擁有強烈夢想，並據以確立目標					
5. 對完成任務有絕不放棄的企圖心					
6. 能找到達成任務的關鍵績效指標					
7. 能掌控達成目標的計畫、階段、成效					
工作價值特質					
8. 面對環境負面氛圍，仍能樂觀、進取					
9. 對職業道德和工作價值有高度期許					
10. 有團隊操守和工作紀律					
總　　　計					

4) 自評分與他評分比較差異的意涵（如下表）

　　A. 自評分與他評分都高的人：清楚知道自己的優勢在哪裡。

　　B. 自評分高，他評分低的人：自我感覺良好。

　　C. 自評分與他評分都低的人：知道自己的缺點在哪裡。

　　D. 自評分低，他評分高的人：自我認同不足。

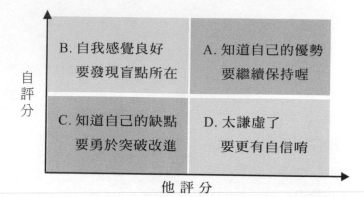

5) 共同討論

很多測驗遊戲都是自評，這是不夠的，最主要還是要透過了解外界對自己的看法如何，進而判斷出自己在個項和總體上，是相對「自我感覺良好」或是「自我認同不足」？為什麼會有這樣認知的差異？這樣可以更進一步了解自己的盲點、矛盾和特質。事實上，這不但是業務員的成功特質，也是成功者的特質，所以也可以當成與客戶接觸時的一項測驗遊戲。

沒有天生贏家，只有最後贏家

有人說這些標準太高了，可能只有萬分之一的人能做到，是的，沒錯，就是這樣，一萬顆石頭中，原本就只有一顆會站到金字塔的最頂端，那會是您嗎？所以不妨用這份量表時常惕勵、檢視自己。接著，我們要透過這份量表和目前業績的比較，來了解自己目前和未來會是甚麼樣狀態。

A. 目前業績和他評分都高的人：天生贏家。

B. 目前業績好，他評分低的人：事業有潛在危機。

C. 目前業績和他評分都低的人：要重新型塑自己。

D. 目前業績低，他評分高的人：有潛能，堅持下去。

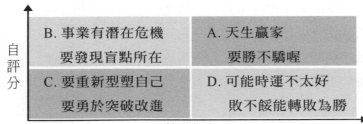

　　如果您現在得分很高，也一路亨通，那恭喜您，您是天生贏家，但天生贏家不見得是最後贏家，猶如五育資優生不見得都是未來的社會領袖一樣，但只要持續努力，不因優秀而驕縱，成功會在不遠處跟您招手！

　　如果您現在得分不高，或際運並不那麼亨通，那更不要絕望，因為從此刻起您已經知道成功的特質，也知道自己不足的部分，倘使願意勇敢的面對缺點，積極加以改進，絕地大反攻，反敗為勝指日可待！

　　沒有天生贏家，只有最後贏家，最後贏家知道成功之道，更能堅持成功之道！「因素一：人際關係」指的就是我們由親而遠的人際關係，如果沒有良好的人際關係，縱使天縱英明，也會因為沒有後盾與奧援，甚至處處與人結怨，因孤軍作戰或左右逢敵而迅速陣亡！

　　「因素二：夢想實踐」指的是從夢想到實踐的過程，每個人資質都差不多，但成功業務員的共通特性便是他們有強烈的夢想，造成他

們有明確目標、企圖心，如能搭配有效的執行力，便是業績常勝軍！

「因素三：工作價值」指的是對工作價值的正面認同與發揚，這是維護業務員始終能走在正道上，並發揮服務效能的關鍵因素，一些成功的業務員最後被揭發是投機、造假、犯罪的，所有傳奇一夕破滅，甚至身陷囹圄，便是缺乏正面工作價值。

結論：態度決定高度，也決定勝負

一個人成功的面向極廣，但無外乎對人、事、物的態度，亦即本文的三個因素，對人的態度：人際關係；對物的態度：夢想實踐；對事的態度：工作價值。所以大家要隨時攬鏡自照，檢視自己。

19

業務員十大特質大解碼

接下來，要詳細解析業務員成功十大特質，如果能有效的養成並運用這些特質，事業和人生的成功便不遠了！

因素一：人際關係

1. 能和家人、朋友、夥伴、鄰居建立親密關係

推銷經常必須由緣故（親友舊識等）開始，不管是請他們購買或轉介紹，如果有了他們的大力照應與支持，一切便會順利很多，如同把他們的人脈資產轉嫁給自己一樣，許多政商人士的後代之所以能快速成功，跟緣故轉介紹他們的人脈資產有很大的關係；相反的，如果沒有緣故的照應與支持，一切便必須從頭開始。

可是很多人這時卻赫然發現：「天吶，原來我連自己的親友都相處不好！」在此情況之下，其實也暴露一個警訊：如果與親密的人都相處不好，那社會人際關係真的就會比較好嗎？又是否，當我與某人關係親密後，就又會開始變差？那原因出在哪裡？都是別人的錯嗎？

所以，如果未能和生命中重要的人建立親密關係，那麼從現在開始就要主動、積極、和善的修補關係，面對自己的親友，又有甚麼不可坦然相見，不可化解心結，不可親密和好呢？那才是真正人際關係的起始，也才是真正事業的開始，否則贏得全世界，卻失去親友，成功有何意義？

2. 喜歡每個人，因而讓大多數的人喜歡您

我們不需要為討好別人而活，也不太可能獲得每個人的喜歡，但我們不要記住每個已經過去的爭執（縱使只是一分鐘以前）、凡事要對事不對人（因而不會憎惡任何人），這樣就可以先去喜歡每個人，之後大多數的人就會喜歡我們。每個人都各司其職，業務員最主要的任務是廣結善緣、傳播商品的福音給別人，不是當法官審判別人的是非對錯，然後用惡劣的態度懲罰他們（還是懲罰自己？），有這樣的認知，便能認清自己的本職與心態。

3. 跟個性不同的人仍能合作

所謂「道不同不相為謀」並不適用現代人際關係，相反的，能跟個性不同的人合作才是能人，做業務更是如此，因為您永遠不會知道下一個客戶會是老虎還是小白兔，您也不能只做小白兔的生意。每個人都必須「外圓內方」，內心有一把尺，但外表能圓融的面對不同的人，這樣做之後您更會發現，個性不同的人各有其用，善於與不同個性的人相處，吸收大家的優點，最大的收穫是自己。

因素二：夢想實踐

4. 擁有強烈夢想，並據以確立目標

一代科技奇才賈伯斯（Steven Paul Jobs）以「改變全人類的生活方式」為夢想，成功的說服當時百事可樂總裁約翰・薄樂斯（Jerry I. Porras）異業跳槽到科技業一起打拼，同樣的也吸引一群頂尖科技人才加入蘋果電腦，最後，賈伯斯的夢想，也在推出一連串劃時代商品的目標下達成了。

但對大多數人而言，「慾望」才是行動力中最直接也是最強大的能量來源，不管是想得到金錢、聲望或權力。大多數成功又積極的業務員坦承他們喜歡賺錢的成果、上台領獎的掌聲，以及被尊崇的感覺，同時也因為這個強烈的慾望，以及保有這些已經擁有的權利，促使他們持續訂定明確的目標和行動方案，以及有超乎常人的行動力和受挫力。相對的，那些「職場陶淵明」，除了高談闊論外，往往沒有積極的行動，因此表現平平。

所以，有慾望並非壞事，但慾望只能歸屬在較低級的需求層次，如果能將慾望提升、轉換到更高的境界——自利利人，會因為獲得更多人的支持而產生更大的力量！譬如，賺取的金錢有更多救濟的用途、聲望可以用來做更多正善的影響力、尊崇可以成為眾人的典範，這樣我們的人生又升級了。

5. 對完成任務有絕不放棄的企圖心

決定一個人成敗的，往往不是智商，而是個性，而個性中又以有強烈完成任務的企圖心為最，因為這個因素可以讓人越挫越勇，挫折越大，成就也越大，猶如河流衝過巨石，才能激起滿天壯麗的浪花！廣達電腦董事長林百里就曾說，台灣首富郭台銘的成功，來自於個人超強企圖心、遠大使命感，以及堅忍不拔的毅力。由此更驗證，成功的關鍵不是智商與學歷（郭台銘只有專科學歷），而是打死不退的企圖心！

6. 能找到達成的關鍵績效指標

要讓執行更有效率，必須懂得找到關鍵績效指標（KPI，Key

Performance Indicators）的人、事、物，不要將時間浪費在沒效率或低效率的地方，譬如，

同樣做門市店員，為什麼有人成功率特別高？因為他針對特定族群有不同的話術？講話動作中有特殊的促成技巧？甚至有整套的作戰手冊？要找到那些 KPI，這些就是成功的「眉角」，能四兩撥千斤，吸取前輩經驗、不恥下問、持續學習，就越能找到您的成功葵花寶典。

7. 能掌控達成目標的計畫、階段、成效

　　有目標、有企圖心，雖然可以是個打不死的戰將，但為免成為項羽式有勇無謀的武將，更需懂得做事的方法，所以事先必須有完整的作戰計畫、設定每個階段的進度、衡量達成的績效、檢討落後的原因、追補不足的進度。但這只是「效率」的控制（Do the thing right），最後還需接受眾人對它「效能」的評價（Do the right thing），譬如，項羽三天燒光了洛陽，效率很高，效能卻是負的！同樣的，用欺騙的方法三天將商品銷售一空，效率很高，效能卻是負的，因為會引發後遺症！所以高效率和正效能必須同時兼顧！

因素三：工作價值

8. 面對環境負面氛圍，仍能樂觀、進取

　　大環境的景氣或許不好，主管的風格或許備受批評，夥伴的行徑或許令人難以忍受……，這都影響不了您心中那把尺，也影響不了您朝目標前進的企圖心。當然，良田方能長出好稻，您可以選擇離開，但離開之前，您必須想想，自己跳槽或抱怨的比例是否偏高？如果是，

自己可能也有問題，而且搞不好自己就是那個別人的麻煩製造者！世界上沒有一個地方是完美的，在負面環境中仍能樂觀進取也是一門功夫，猶如壓上板子的豆芽菜會長得更結實一樣，尤其在這全球極端不景氣的寒冷年代，又能逃到哪裡去？唯有自己更熱情了！

9. 對職業道德和工作價值有高度期許

有一句「名言」：「銷售就是把賣不掉的東西賣出去。」並認為這就是「功力」，如果真的這麼想，那就大錯特錯了！現在一些銷售人員之所以被人詬病，最大的原因是不實招攬，所謂「不實」包括：隱瞞、誇大、誤導、說謊，甚至是有計畫性的欺騙客戶，逼得金管會、消保官，乃至新聞媒體頻頻介入。一些銷售老鳥會說：「不遊走在道德邊緣，怎可能有好業績？這是善意的欺騙。」是嗎？等到東窗事發，再去跟法官這麼說吧！您能想像，一位經常收到申訴的銷售員，是位好業務嗎？

「銷售是喚起並滿足客戶需求。」這才是真正的職業道德，而客戶滿足了需求，因而心生歡喜、感謝，跟我們成為好友，樂意介紹更多人讓我們認識、服務，「廣結善緣、自利利人」、「因為服務他人而成功」才是銷售工作高度的價值！

10. 有團隊操守和工作紀律

最後，要強調的是團隊和紀律，有人會說，銷售是個人的事，跟團隊何干？這就錯了，因為銷售是一項自由自主的工作，但自主一旦淪為散漫，業務員的生命就結束了！所以，優秀的業務員都會配合公司的制度行事，如：「差勤、行事曆、每日應作事項、工作計畫、推銷時數、

工作日誌、業績產能、檢討會……等」（Ａ），以確保自己的工作紀律和效能，甚至，您應該懂得運用團隊與主管的資源和協力，使自己的任務更容易達成。

業務員如果業績愈好，團隊紀律卻愈差，顯現的只是進步即將終止甚至是要開始倒退的危機，而且也會遭致隊員的批評與排擠，最後成為團隊的孤鳥，無法在團隊生活中得到溫暖、快樂和鼓舞，人生因而變得不快樂，為什麼不讓自己成為團隊中成功的典範，享受另一番成就？

如果，您的團隊並不是太嚴密的組織，那您要懂得規畫好自己的工作計畫與行程（如Ａ），並照章行事，這樣才能生存下去。

結論：每日三省吾身

現在我們知道成功業務員的特質及其內涵，並時時用來自我惕勵，創造更輝煌的業績就在眼前了！

三個「熱愛」創造生命傳奇

　　各行業的頂尖成功者都有三個熱愛：熱愛工作、熱愛客戶、熱愛服務，並因而構成熱愛生命、成就生命，三者缺一都不會讓事業生涯快樂、發光並且圓滿。

　　熱愛工作，才會樂於工作，產生廢寢忘食、不斷突破難關、創新歷史的積極性，如果不熱愛工作，不要說潛能無從發揮，自己根本就意性闌珊，不戰而敗。所以選擇您喜歡的工作，或選擇有價值的工作，或發現（創造）工作的價值，選定後就用火一樣的熱情以「一輩子」的時間去煅鑄它，一輩子？所謂「十年磨一劍」，那一對干將莫邪劍_{註一}，要多少時間？不只是一輩子，而是以身煉劍，那些偉人哪個不是用身命去經營志業？這不只是一種經營的理性堅持，更是一種對生命的浪漫執著，是一首生命的樂章！

　　熱愛客戶，客戶的支持就是我們的力量。如果一個人站在舞台上表演，底下卻沒有觀眾，相信任何人的熱情都會很快熄滅，但如果有很多粉絲熱情的喝采，您便會覺得，這不是我個人的事了，而是我必須感恩回報他們，這時您的力量不是來自自己，而是來自一群人的凝聚，當力量是來自一群人而非一個人，這個力量就足以爆發一座火山。人生就是一座舞台，客戶（服務對象）就是我們的觀眾，我們不愛他，他就冷漠，我們愛他，他就熱情，如果您希望有一群愛您的人給您源源不絕愛的巨大力量，就必須先去愛他們。

　　熱愛服務，客戶變粉絲。那我們要如何愛客戶？如何讓客戶也愛我們，變成死忠的粉絲？答案便是：服務、超值的服務、像對愛人一樣的服務。當粉絲團越多、後援會越多，力量便越大，保險業的歐巴馬——所羅門最高紀錄一週成交件數是 103 件，是一般績優保險人員的 100

倍，您一定覺得不可能，光收契約書就來不及了，秘密在於他龐大的粉絲團已經變成忠實門徒，不斷輾轉介紹客戶給他，並利用群聚的方式經營，所以，業務開發不一定是我對人，以一對一的方式小眾銷售，也可以是集合眾人力量變成群聚方式銷售，這就難怪他能有 100 倍的交易量，但前提是，他用愛經營了他的粉絲團成為門徒！

是否常覺得自己力量不夠？那是因為愛的還不夠熱烈！力量的來源在愛，就好像一個柔弱的女生為了保護她的孩子，變成力量巨大的強者，無畏無懼，更自動自發的尋找各種方法，不會有任何負面思考和遲疑。接下來，以一代歌后鳳飛飛為例說明，三個熱愛如何創造不凡的傳奇事業與人生。

熱愛唱歌，克服耳障唱出天音

2012 年情人節前一天下午，鳳飛飛小姐已經因為肺癌而於元月三日去世的消息由委任律師正式宣布，此時，不但無數鳳迷錯愕地無言以對，六年級以上的中年人更是如同失去一位老友一樣，感到無限沮喪乃至黯然落淚，因為除了事出突然外，還有許多人正在等待她延期舉行的演唱會！

鳳姐於一九六八年因中華電台歌唱比賽冠軍出道，後並蟬連「金鐘獎」最佳女歌星，天籟的鳳鳴及純熟的歌技早已從遍及海內外廣大歌迷的死忠擁護、及無數的得獎榮耀獲得證明，但值得一提的是，她用「熱愛」勇敢面對人生的態度。

鳳姐年幼時因為調皮，與哥哥把頭埋在水盆裡玩憋氣遊戲，因而

脹破耳膜，從此一生耳疾不斷，最後右耳失聰，這對重視音感的歌唱家而言，無異是致命的打擊，但熱愛歌唱的她並沒被打倒，生涯做過多次耳朵手術，後來甚至訂做了一副人工耳，以精確的抓住音感。

面對這樣的打擊，她卻說：「對於耳疾，我會擔心，但不會失望，長期以來我都是用意志力去面對，不會讓一般人看出來。」鳳姐因為熱愛唱歌，所以不放棄舞台，就如同樂聖貝多芬在三十歲時耳聾後仍不放棄創作一樣，因為這樣近乎執著的熱愛，讓她不但沒有放棄歌唱還甘之如飴，因而造就一代傳奇。

熱愛歌迷，永遠心繫他人

婚後鳳姐曾因家庭因素短暫離開歌壇，但在孩子長大後，因為擋不住全球歌迷的呼喚，因而復出定期舉辦巡迴演唱會，所到之處皆場場爆滿。此外每年除夕鳳姐還在飛碟電台固定跟歌迷電話拜年，並倒數計時、一同忘年迎新，這也成為鳳迷心中永遠最珍貴的甜蜜回憶。

2009年鳳姐摯愛的先生趙宏琦去世，她以演唱〈想要跟您飛〉一歌懷念先生，至性至深的真情，使聽者莫不陪他一起落淚。鶼鰈情深的她雖然因而暫時取消既定的「流水年華演唱會」，但半年後為了不辜負歌迷的期待，仍強忍悲傷舉行了全台十場以及星馬兩地演唱會。

鳳姐在今年農曆年前知道自己即將不久人世前，仍心繫歌迷，特別叮嚀兒子和律師延至元宵節後再公布死訊，不要讓家人和歌迷傷心過年，並允諾，這輩子還沒唱完的歌，下輩子會唱來還，與鳳迷約定的不但是生死之約，更是來世之盟。鳳姐一生熱愛歌唱，早年為了愛家人而

致力唱歌事業改善家計，婚後為了愛家人而短暫息影，後來又為了愛歌迷而復出，而至其死前，仍在準備演唱會，留下的遺言也是承諾償還歌債，可謂為唱歌而生，為唱歌而死。

用歌聲撫慰苦悶人心

鳳姐對於流行音樂文化的貢獻，大約可分成兩方面來說。在七、八０年代，臺灣正值加工廠興起的代工時期，鳳姐或是俏皮親切、或是深情款款的曲風，以及灑脫帥氣的裝扮與平民化的表演方式，深深獲得工人階級的喜歡與支持，也有效的宣洩了底層庶民生活及情緒的無助與壓力。另一方面，鳳姐台語民謠重新翻唱系列，不但傳承了傳統歌謠，也風靡了許多農村長者，讓他們重新年輕。終其一生，鳳姐共錄製了八十三張唱片，她不但用音樂撫慰了眾多人的心靈，更用歌聲替許多人說出了心中的話，更正確的說，鳳姐的歌代表著那個時代的感情和文化。

鳳姐去世後，她的故鄉桃園大溪立即為她成立臨時紀念特展區，桃園縣政府訂 8 月 20 日鳳姐生日為「鳳飛飛日」，行政院與總統都頒發褒揚令，一世傳奇獲得民間與政府的最高肯定，鳳姐演唱會沒有謝幕也沒有休止符，而是永遠的進行式……

用生命詮釋與實踐「熱愛」

鳳姐一輩子用生命詮釋並實踐「熱愛」的意義和境界，熱愛歌唱、熱愛家人、熱愛歌迷，也因為熱愛而創造了一代傳奇，帽子歌后的冠冕今後或許會靜肅的懸在紀念堂的樑上供人瞻仰，但她溢洋著愛的天

使之音，卻會永生永世的繚繞，迴盪……

這也讓我們省思，很多人對處境總是充滿三心兩意的困惑，不知何去何從，但是否曾經自問，自己熱愛的終究是甚麼？很多人也對工作的逆境充滿無力和不滿，但是否曾經自問，熱愛現有的工作嗎？很多人也會因為和親人、夥伴、客戶的關係而心生沮喪，但是否曾經自問，真的熱愛他們嗎？如果真的做到這三點，那天底下就沒有不快樂、不能成就的事，而這就是「熱愛生命」所展現的力量！

與其說鳳姐唱了一輩子的歌，不如說她用一輩子實踐對生命的熱愛！不要忘了下輩子還要為我們唱歌！「感謝您～」

註一．干將莫邪：戰國時代鑄劍夫妻，因煉劍需要女身為爐神方能煉出絕世好劍（以現代科學角度而言，骨頭中的磷有助冶鐵），莫邪於是投身火爐之中，以身殉劍。

看看殘障巨人的無懼

要成功的一個重要條件是：要勇敢，不要怯弱，遇到任何困難、挫折、失敗、羞辱、甚至傷害都要能堅持下去，誰能忍他人所不能忍，誰便會是最後勝利者。但，一方面「害怕」是物種生存的天性（逃避危險），一方面人類總是希望維護自我尊嚴，並躲避身心痛苦，所以大多人在面臨抉擇、挑戰時總是會說：「那不是我的專長。」或「我能力不夠。」做為「拒絕的理由」，但如果看完下面這些實例，您就會知道這一切都是「逃避的藉口」，甚至會開始省思，這些缺點或波折可能正好是上帝用來激發潛能的阻礙，以激起生命中巨大的浪花！

耳聾的音樂家

音樂家最重要的便是耳朵，因為如果沒有敏銳的聽覺，便無法辨別自己演奏或演唱的好壞，更無法掌握音準，因而無法改正自己的缺點，所以縱使有很好的嗓子或天賦，也會被埋沒。但您相信嗎？歷史上很多音樂巨人，竟然都是聽覺有障礙的人士！

被尊崇為「樂聖」的貝多芬年幼時即是個音樂天才，一生演奏與創作無數，但他三十歲時即因病而耳力急遽衰退，兩年後幾乎全聾，受到這個打擊，貝多芬幾乎輕生，但因為對音樂充滿熱愛，所以又堅強的繼續為理想奮鬥而活。受到耳聾侵襲的貝多芬風格丕變，曲風更為激昂，同時充滿個人風格，他一生中最偉大的作品幾乎都是在這個時期完成的！到了老年之後，雖然他幾乎已經因為耳聾而很少演奏，但作品卻因而充滿人生的意境與省思，達到藝術家至高至美的境界！

在台灣也出現過一位聽覺有障礙的歌唱家——鳳飛飛，說她是七、八０年代最紅的歌星應該沒有人會反對，此外她還蟬連兩屆金鐘獎最

佳女歌手並獲獎無數。她小時候耳膜即因遊戲不慎而破裂，所以時常發炎、聽力不敏銳，但卻仍熱愛唱歌，立志當歌星，從沒有退縮的念頭。到了二十四歲，正值事業黃金期時，又因醫療疏失而導致耳膜完全破裂並傷及聽覺神經，至此左耳完全失聰！後來她打造了一副人工耳膜，以便能更精確的掌握音準，並仍然專心於歌唱事業，甚至到了 2010 年還舉辦全球「流水年華演唱會」，歌迷遍及全世界。鳳飛飛對自己的耳疾曾這麼說：「我會擔心，但不會失望，長期以來我都是用意志力去面對，不會讓一般人看出來。」

在歌壇上失聰的還有日本歌壇天后濱崎步，以及台灣傳奇蔡振南，但耳聾並未擊退這些音樂巨人，反而讓他們越挫越勇，其中的關鍵何在？就在於他們執著理想，熱愛表演，堅持完成生命中的任務，所以能以無比的勇氣克服身體的障礙，甚至比別人付出更多努力，所以能站上金字塔的頂端。

下次如果遇到困難與挫折而萌生逃避意念時，想想這些耳障的偉大音樂家，我們還有甚麼理由退縮呢？

過動兒變金牌選手

2008 年在北京奧運奪下八面金牌、刷新八項世界紀錄的美國游泳選手「飛魚」費爾普斯（(Michael Phelps)，是奧運史上單屆獲得金牌最多的紀錄保持人。

此外，他在 2004 年雅典奧運拿下六金，2012 年倫敦奧運又拿下四金，總共十八面金牌，以及總獎牌數二十二面，都遙遙領先其他運動名

將，因此獲頒「史上最偉大奧運選手」榮耀！2016年里約奧運他以30「高齡」又拿下五金，從此，世上恐怕很難有人能打破他二十七金的「費爾普斯障礙」了！

這位被美國及世人視為蓋世英雄的運動巨人，在前七年的訓練日子裏，只放了五天假，這樣堅強無比的毅力是絕大多數人都做不到的，但費爾普斯做到了，所以他締造了歷史，而更不可思議的是，他是一位過動兒！

而另一位傑出運動家是「台灣之光」林義傑，他於2006年獲得「四大極地超級馬拉松巡迴賽」總冠軍；2007年與兩位隊友一起締造完成徒步橫越撒哈拉沙漠的世界紀錄；2011年以長跑方式橫越一萬公里古絲綢之路的人類首次壯舉。因為他屢創紀錄，所以事蹟被美國好萊塢拍攝成電影紀錄片，是臺灣第一位獲此殊榮的運動員。而他，也是一位過動兒。

是甚麼原因讓過動兒可以專注起來，並發揮異於常人的耐力，突破人類的極限，創造璀璨的歷史？是「熱情」，有熱情就會燃燒，而熱情來自對「目標」達成的執著！如果有目標、有熱情，再大的困難都無法阻擾我們前進，甚至這些阻礙會激起更大的潛能，造就更大的成功，但如果沒有目標、沒有熱情，一點小困難都會變成退縮的藉口！

結論：用無懼奔向人生的道路

二次大戰改變歷史的三位偉人，都有其致命的缺陷：美國總統羅斯福小兒麻痺、英國首相邱吉爾有重度憂鬱症、中國委員長蔣介石是

位孤兒，但他們卻聯手拯救人類！看完了聽力障礙與過動兒的成功史，是否讓我們深切省思，失敗是沒有理由的，只有藉口；成功是沒有捷徑的，只有付出！擊敗我們的，不是缺點，是懦弱；擊敗我們不是別人，是自己！人生的路如此寬廣，只要無懼地奔馳，路的那頭永遠都是光明燦爛的！

成為金字塔頂端的石頭

好了，至此大家都了解到成功業務員的特質，也知道要擁有三個熱愛，也感受到克服挫折的勇氣，最後我們要做的便是，下定您人生的目標吧！

大家都聽過或看過《愛麗絲夢遊仙境》，裡面有一個橋段，愛麗絲在半途遇到了歧路，不知應該抉擇哪一條路走，於是向貓咪求助，可是愛麗絲也不是很清楚自己要去哪裡，所以貓咪回答她，那麼，選擇走哪一條路不是都無所謂嗎？

很多人不管從事銷售業或任何行業，總是覺得前途茫茫，毫無鬥志，以致渾噩度日，成就低落，並眼神茫然的期待有一個新的契機會突然發生，人生可以因而改變。但事實上，如果他沒有先規畫好人生的目標，縱使機會真的從天而降，最後還是會從指尖溜走，因為他根本不知道自己要的是甚麼，所以只能在人生海洋裡隨波逐流，不知所往，不知所終。

有了目標，才知道走哪條路

因此，如果想要成功，那要看到的不是現在，也不是十年後或三十年後，而是一輩子的目標在哪裡、成就要到哪裡，因為這樣才有方向和動力，但大部分的人並沒有「堅定的人生目標」和「強烈的成就動機」（「堅定」和「強烈」的程度，會與成就成正比），所以大部分的人都庸庸碌碌——平庸卻忙碌的白過了一生，可是又不知道自己一輩子究竟做了什麼？

但許多令人尊敬的銷售天王和企業家成功的第一步都是先有強烈

的人生目標，或是要致富改善家計、或是要爬到一個高度發揮更大的影響力，或是想要揚名立萬得到榮耀……，有了目標後，他們在遇到抉擇或機會時便清楚的知道：「就是這條路了！」

　　選擇了一條可以達成目標的道路後，成功的人總是義無反顧的捨身投入，而不是左顧右盼、畏畏縮縮，一個巨人，如果心有疑慮、擔心害怕，也打不過一位拼命撲過來的矮人族！因為成功的人總是全身投入，所以遇到挫折時，第一個閃過的念頭便是「克服它」，而不是逃避，更不會是放棄，所以他們的成功史就是一部不斷征服困難的奮鬥史，絕非人們看到光鮮亮麗的表象和奢華而已。相反的，如果做事業都是以「試試看，不行就趕快落跑」或「以全身而退為原則」，那就完全沒有克服挫折的意志和能力了，會一事無成，也是理所當然。

成功七項特質

　　要全身投入做一件事，當然不能貿然而行，縱使像銷售業風險這麼低，浪費的只是時間成本的行業也是一樣，唯有學習能大幅降低試誤的過程，讓達成目標的績效更為提升！所以一個成功的人必然也是一個終身學習者，學習專業、學習經驗、學習附加價值、學習經營、學習管理、學習人際拓展、學習控制情緒、學習如何學習……。隨著知識、智慧與修為深度的增加，就可以做越多的投資與投入，慢慢爬到金字塔的頂端。

　　但越金字塔頂端石頭便越少，誰會達到巔峰獲得尊貴的榮耀呢？便是能忍痛爬過荊棘叢林最終達成目標的人！那些對成功不夠渴望的、對人生目標不夠堅定的、猶豫是否走對路的、不能將工作當志業的、遇到

挫折怯於克服的、沒有認真學習而盲目行動的，都會在過程中逐漸脫落，最後只剩下通過考驗的菁英！

但再怎麼優秀，金字塔頂尖的石頭還是只有一顆，那又會是誰呢？就是下面七項成功特質裡的 NO. 1！

1. 熱切渴望成功。
2. 堅定人生目標。
3. 找到成功的道路（機會）。
4. 將工作當成一輩子志業（非試試看，或兼著做做看）。
5. 拓展人際關係、可用資源，提升社會地位。
6. 透過學習減少失敗、增加績效。
7. 爬過荊棘叢林從未萌生退意。
→ 爬到金字塔最頂端。

結論：天下永遠沒有不勞而獲的事

有個旅遊節目 Slogan 是：「出發總要有個方向。」人生旅程何嘗不是如此？如果沒有目標，人縱使有手腳，也不知要往哪裡去！出發後，又可能碰到斷崖、洪流的阻擋；酷雪、熾陽的侵襲，也可能要孤獨無助地越過一望無際的荒漠、四顧茫茫的冰原，甚至遇到毒蛇、猛獸的攻擊。我們可能因而望之卻步，認為沒有人可以通過這樣的考驗，但事實上，已經有很多人登上世界之巔正在俯瞰宇宙的壯麗，享受勝利的成果！金字塔永遠有最頂尖的那一顆石頭，不要說它是幸運，天下永遠沒有不勞而獲的事！

第二篇

羽翼和光環：
建立個人品牌

銷售的東西與其說是商品
不如說是銷售員的形象和品牌
包括：
儀表、舉止、聲音、表達
專業、服務、修養、工作態度
總之，那是一種
魅力和信任的特質

個人品牌

在「大眾行銷」裡，商品品牌往往對消費者的購買行為有關鍵性的影響，但在「個人銷售」裡，個人品牌卻遠勝於商品品牌，成為客戶是否購買的關鍵。所以如何建立個人的「金字招牌」，就成為業務員生涯成敗的決定性因素。

為什麼要建立「個人品牌」

什麼是「大眾行銷」？就是透過促銷訊息、通路等方式，在廣大的市場進行全面性銷售，它雖有特定的消費者族群，但並沒有特定的消費對象。譬如飲料，年輕人可能因為受到廣告明星和商品氣氛的吸引而到超商購買，但假如廣告停了，消費者或許就「移情別戀」而「愛」上其他飲料，所以我們購買某種飲料，跟當下的商品品牌和訊息刺激有很大關係。

但「個人銷售」完全不是如此，它並不依賴廣告和通路，主要依賴的是業務員與客戶進行面對面的銷售，諸如保險、傳銷、推銷、房仲、理專、投資服務人員、門市⋯⋯等即為如此。因為是面對面的銷售，所以在產品相似的情況下，商品品牌已經不是決定購買的因素，此時業務員的形象、專業度、服務力、附加價值等，才是關鍵因素－－而這就是業務員的「個人品牌」。

如何建立個人品牌

個人品牌的建立當然不是靠上電視、打廣告而來，而是經由業務員長期的播種、耕耘和累積，譬如一個知名度很高的藝人可能因為專業不足，在轉戰銷售業後很快遭到市場淘汰；反之，一位年輕人在某行業裡

精心服務了十多年，在該領域累積了豐富的人脈、亮麗的成績、良好的口碑、高度的貢獻，儼然就是一塊「活招牌」，大家樂意成為他的協力者，並主動為他介紹客戶，這就是個人品牌的效用！業務員可以藉由下列四項來建立自己的品牌。

一、形象

「形象」是一個人給人的「整體感覺」，進而影響別人對他的好惡、評價和信任，包括有形的包裝和無形的氣質。雖然形象很重要，但一個人給人形象評價的時間卻只要七秒到一分鐘，這就是「第一印象」，第一印象建立後，80% 是不太會改變的。所以每個人都必須隨時保持在最佳形象狀態。形象包括服裝與儀容、語言與舉止、氣質與態度、人格與特質，這部分本篇會再專門討論。

二、專業度

「顧問式銷售」不是叫賣、人情、殺價、退傭、糾纏、欺騙、利誘、強迫⋯⋯等方式的銷售，他是一個專業問顧，販售與服務的無非就是「專業」，就如律師、會計師一樣，可見專業的重要！這在〈受人尊敬的銷售顧問〉將更詳盡說明。

1. 專業知識

形象雖然能給人良好的印象，但若沒有豐富的「裡子」久了還是會被認為只是虛有其表。就業務員來說，專業知識除了基本的證照和商品知識外，還要有足夠的 Know-How 從「商品式銷售」進化為「顧問式銷售」才是專業品牌的關鍵。

傳統的「商品式銷售」強調商品功能好、價格低、服務佳，擺在展示區裡自然有人來購買，也是被動的；但「顧問式銷售」卻強調銷售人員必須深諳客戶購買行為的步驟與心理，在客戶購買過程中主動喚起需求、提供資訊、分析和解決方案以促成客戶購買，所以他對銷售技巧、商品專業知識、客戶同理心都必須有足夠的理解和掌握，所以，專業才是信任的根本來源。

2.科技專業配備

新時代要有「科技新貴形象」，現代專業人員，必然也有好的科技專業工具和配備。以往，業務員可能只帶個笨重的資料夾、手提包就去拜訪客戶，等客戶有了需求再回公司打商品建議書。但隨著時代的進步，專業人士可以配備一台輕薄的平板電腦，裡面擁有豐富的資料庫、運算功能和無線連線，可以當場試算客戶的商品組合、展示所需的實物樣本、隨時搜尋客戶想要的資料……，再將各種資料當場展現或 mail 給客戶，有效提升服務品質和效率，也成功的建立現代化品牌。

三、服務力

有專業知識卻無服務力，結果也是等於「0」，所以有強大的服務力也是能否建立品牌的關鍵之一。國際保險監理官協會（IAIS）即提出三項服務力準則，另外在〈提升服務品質〉和〈銷售第一法寶〉將更詳盡說明：

1.技術

除了擁有幫客戶規劃商品、滿足需求的能力外，專業顧問最重要的工作是要以客戶的最大利益為打算，而非以自己的收入為考量，更不能

濫用自己的技術圖謀不軌，這樣才能展現真正的服務力，也因而能獲得客戶的信任和友誼，因而建立穩健的服務品牌。

2. 注意

業務員除了必須盡到一般謹慎之注意程度外，更應該有「同理心」，珍惜所託，一如親人，時時注意客戶條件與需求的變動，提供更新商品組合的適當建議，使客戶始終處於最佳的保護狀態。

3. 勤奮

勤奮不僅限於新客戶的開發，對於售後服務與生活服務，更應該有「7-11」全年無休的精神，隨時為客戶提供最優質、最迅速的服務，使客戶感受到您是他形影不離的好朋友，如讓客戶感覺您只是佣金的，個人的服務品牌也將蕩然無存。

四、附加價值

客戶購買到的如果只是商品的功能，那麼他付出的價格等於他得到的價值，這樣客戶不見得需要跟您購買，但如果他得到的價值高於他付出的價格，那他便會覺得「值得」，於是可以成為忠實客戶和協力者，而其中提升價值因素，除了專業力、服務力，還有提升附加價值，這在〈加強附加價值〉一文將更詳盡說明。

1. 個人升值

除了專業上的技能和服務外，一位有品牌的業務員絕對能提供更多的個人額外服務價值！所謂「商品生活化」，生活中任何有關理財、報稅、醫療、家庭、化妝、旅遊、餐飲……等資訊，除了都是接觸客

戶的開門話術外，也都能讓我們解決客戶的問題，增進客戶的生活品質。

2. 人際網路中心

　　除了個人服務外，成為客戶生活圈中的人際網路中心，也是業務員必須建構的工作，綿密的人際網路，除了有助於自己的「關係行銷」外，更有助於客戶依賴您得到他們想獲得協助的對象，當朋友與客戶對您的依賴越深，就表示您越有價值。

結論：品牌是無形的資產

　　在企業，「商譽」是企業最可貴的無形資產，如 W indows 和可口可樂都有超過 500 億美元的品牌價值，那我們有多少個人品牌價值呢？據 80 ／ 20 法則說明，80% 的新保戶來自 20% 舊客戶的轉介紹，但我們的個人品牌是否足以吸引那麼多協力者樂意為我們轉介紹呢？癥結就在個人品牌建立了沒？而建立個人品牌的方法就如本文所分享，有形象品牌、專業品牌、服務力品牌以及價值品牌，就讓我們全力以赴，建立自己的「金字招牌」吧！

專業形象～男生篇

　　有人說這是一個「包裝」的時代，沒有鮮亮的外表吸引人，他人如何會想要越過隔閡的藩籬去深入瞭解您？此話當然不盡是真理，但確實也有參考之處，因為一顆價不菲的鑽石如放在一個廉價的盒子裡，恐怕也會被人以為那是贗品。同樣的，一個人服裝邋遢、行為隨便，除了不愛惜自己外，也不尊重他人，自然也難以獲得他人的認同；相反的，一個人總是打扮合宜、舉止得體，表示他愛惜自己也尊重別人，大家就樂於支持他。

　　尤其業務員是極度依賴「自我魅力」吸引客戶的行業，所以注重服裝儀容建立優美且專業的形象，讓人在第一眼就有良好的第一印象，進而願意接納您、喜歡接近您，更是成功的敲門磚。

男性服裝四要件

　　服裝代表一個行業的專業與權威，如：醫生、法官、警察……等，工作人員制服一穿，大眾對他馬上在腦海裡產生「印象認同」的連結，可見服裝自有它讓人產生「視覺說服」的功能，所以必須注重。

　　男性業務員以穿西裝、襯衫、打領帶、著皮鞋「四要件」為正式。西裝以深色素面為主，顏色莫過於搶眼（如亮藍色加金鈕扣），正式場合應整套（平時可混搭），坐定時西裝解扣（除非極正式場合），站立時鎖扣（最下面一顆「永遠」不扣）。胸章不宜過多，兩側下口袋要有蓋子，且翻在外面。

　　褲子以深色西裝褲為正式，腳短的人可穿高腰、腿粗的人可穿抓褶、大肚男不要穿低腰褲。抓褶、中高腰感覺較紳士；直筒、低腰感

覺較年輕。著西裝褲不可搭配休閒鞋、布鞋；窄褲、休閒褲、牛仔褲、較不正式。

正式場合襯衫為白色、淺色長袖衫（平日亦應避免短袖），要整燙，正式場合打不可挽袖。夏天襯衫內應穿著無袖內衣（短袖汗衫不宜），以避免露出「激突」，不可以 T 恤替代內衣。不穿西裝時，襯衫應扎入西裝褲中（非內褲中，否則內褲易外露）；不打領帶時第一個鈕扣不扣，並應避免露出內衣領，所以以 V 字領內衣為宜。穿著西裝時襯衫領子和袖子都應超過西裝顯露出來。

西裝、西裝褲、襯衫的口袋都不宜放置物品，如皮包、衛生紙、鑰匙圈、零錢、雜物等，以免衣著鼓脹變形，可用一個手提公事包裝置以上物品。手提包宜手提式，避免肩揹式、腋挾式或指鉤式，不夠莊重。

領帶宜配合襯衫色澤，顏色以深於襯衫為主（喪禮慣用黑色，平日非必要避免使用黑領帶），若有條紋宜直條或斜紋，可拉長身形；正式場合應勒緊，長度至皮帶上下緣間為準，不宜過短或過長，領帶長感覺紳士，領帶短感覺年輕。領帶應用領帶夾與襯衫夾住，避免搖晃，注意襯衫後領莫露出部分領帶。

鞋子以黑色、有鞋帶之皮鞋為正式，鞋面應擦拭保持光亮。襪子以與褲子顏色相近之深色為主，黑色亦可，避免白襪或膚色短絲襪。襪子可稍長，以免坐定或交足時露出小腿。

皮帶亦以深色為主，正式場合吊帶不宜。

紳士的儀容

女性應注意的儀容事項（見下文），男性亦適用。此外，髮型後梳、西裝頭露出額頭較有體面感，可適當使用髮膠維護髮型，不宜過分染色、新奇。不宜蓄留鬢角，鬍鬚應刮除乾淨（下巴下方經常忽略）。抽菸、嚼檳榔者應注意口齒乾淨及口氣不良，應定期給牙醫洗牙、三餐後刷牙，並常用茶水漱口。

男性較易有香港腳，應多注意，尤其有時訪客要脫鞋，應有兩雙以上皮鞋輪流穿，並穿除臭襪、在鞋內撒除臭粉。晚上訪客，不妨先洗腳並換了穿了一天的襪子，以維護禮儀。

男性一般不美甲，所以指甲應常修剪，不要手伸出來指縫有汙垢，同時宜避免掛耳環、佛珠、大顆戒指，以示莊重。

結論：內外雙修才是王道

所謂「佛要金裝，人要衣裝。」整理良好的服裝儀容確實有助公共關係發展與業務推動，同時也是專業形象的一環，但很多人卻又是「開口死」，雖然有良好的外表，卻沒有良好的氣質與內涵，這樣也只是虛有其表，馬上會被識破，變成「金玉其外，敗絮其中。」所以形象包裝雖然重要，但「內外雙修」才是王道！

專業形象～女生篇

女性業務員的裝扮有三個要求：一是「專業」，二是「親和力」、三是「便捷」。在專業需求上必須要求「正式」，才有權威性；在親和力需求上則可稍做個性和活潑的變化，使人覺得親切、美觀，所以不要顯得死板板或感覺很老土；便捷則要求簡單大方，樣式俐落，這樣才能方便為客戶做服務。如何裝扮出質感，可注意下列事項。

OL 的形象服裝

女性業務員穿著應該有個認知：我是要去上班，不是要去約會；我是要去訪客，不是要去逛街，所以應該像個大企業的 OL（Office Lady，上班族女性）穿著專業代表公司去洽商，而不是像貴婦穿得漂亮去下午茶，或主婦去串門子，這樣他人自然會認知您的業務性質，也減少了第一次接觸時的隔閡。雖然女性業務員沒有制式的服裝，但女性的上班套裝可以表現業務員的形象。套裝可有個人特色，但在整體穿著感覺上，「質感」要更勝於「款式」，花樣不要太花俏，也不要像個嚴肅的高級女主管，要兼具專業與親切。

上衣（襯衫）可講究活潑與變化，但仍以簡約大方為主，不要太繁複的裝飾（如蕾絲、抓摺、花邊、緞帶、荷葉邊、亮片、圖案⋯⋯）；質料不宜太薄，樣式不可太曝露或若隱若現，別人不自在，自己也瞻前顧後；顏色不要過於耀眼；領口可裝飾絲巾，但不宜太過艷麗。

裙子以及膝窄裙較正式，太長老氣沒有活力感，太短又太暴露。著裙必須穿絲襪方有禮儀，絲襪需長襪（連身或至股），半截襪不宜，易露出沒絲襪的部分；絲襪以膚色為主，著黑色絲襪時，皮鞋亦需為黑色；應隨時注意絲襪不可有破洞或撕傷，不然就不雅了。

套裝長褲亦為正式，但七分褲、燈籠褲、窄褲、牛仔褲、短褲應避免。女性若繫腰帶，色澤以與鞋子同色系為主。鞋子需為素面包頭鞋，隨時注意鞋面乾淨，鞋跟不宜超過兩吋，涼鞋、休閒鞋、馬靴不宜。可搭配包包，兼具美觀與實用。

服裝整體的色澤搭配很重要，如果搭配得好大方漂亮，搭配不好就是「混搭」──混亂搭，倘若不諳色澤搭配，最簡單方法的就是買整套，不然就掌握一個簡單原則：同色系，而且輕色系在裡面，重色系在外面，這樣就會有層次感和整體感了。

髮飾適當即可，避免亮片、珠飾與誇張；耳環不要太大，懸吊式過於搖晃不宜，一邊不要配戴一個以上；項鍊墜子不宜露於衣服外，胸針、服飾、眼鏡宜秀氣，避免珠光寶氣或太過繁雜；戒指每隻手只戴一只；手鐲不要叮叮噹噹發出聲響，佛珠直徑不可超過 0.5 公分（或可避免配戴）。

以上都是在美化中求簡約，這樣才能表現清爽精神並做出俐落的服務動作。

淑女的儀容

儀容是人對身體器官（不只是臉部）的整理，也是人際的一大門面，男女共通的有（由上而下）：隨時注意頭髮的整潔（應梳齊，最忌油膩、頭皮屑）、額前頭髮不要太長以免「蓋頭蓋面」、臉龐是否出油髒汙、眉毛的亂毛應剪裁、鼻毛不可外露、齒縫切勿殘留菜渣、有口臭者應養成用完餐刷牙習慣並經常用茶水漱口、指甲忌諱藏污納

垢、檢查服裝是否不慎不整、注意是否有體味（狐臭、汗臭自己不易察覺，故應多自覺，有者早上出門、訪客前可再洗一次澡）。

訪客前，不妨先攬鏡自照，從頭到尾把自己打理一遍再進門，所以業務員的包包裡，梳子、面紙、簡易理容盒（鏡子、小指甲剪、小剪刀）、女性簡易補妝盒都是不可或缺的。

女性應該化淡妝，化妝是現代人的禮貌，但不宜濃妝豔抹或過分妖豔。口紅以紅色系為主；指甲美容不宜太過鮮豔、炫麗、長度不宜過長，不宜裝假指甲。

在髮型上，兩側頭髮不宜散落遮住過多臉頰，瀏海長度在眉毛一公分以上，可用髮雕梳理以保持髮型。勿過分染色、奇異，長髮可梳理柔順或挽髻，正式場合不綁馬尾、辮子。去除腋毛和多餘的體毛（尤其手腳裸露的部分）已經成為國際禮儀，亦可注意。

結論：端莊專業也是保護自己

女性業務員需經常與各種不認識的人接觸，有時甚至必須單獨碰面，所以更必須維護自己的端莊專業形象，莫讓對方產生可以輕薄的感覺，或讓對方錯把妳的好意當好感，這樣就可以為自己擋掉不需要的麻煩。相反的，如果穿著讓人感覺妳很愛玩、有挑逗性，或言語輕佻、行為輕浮，那就難免自惹麻煩了！所以著重端莊淑女的形象，除了是專業，也是自己的保護色喔！

專業形象～禮儀篇

　　一般人總認為「形象」是給他人的整體外在印象，只是表面的包裝，但事實不然，「形象」代表的是一個人的氣質、專業、自重，以及對他人的態度。

　　在這個工商社會，人際之間的互動時間與機會減少，要快速建立別人的認同，唯有更加重視自己的形象，尤其業務員，如果能在第一眼就讓準客戶感受到專業、熱忱、信任，甚至被吸引，就踏出成功的第一步！但形象不只是靠「包裝」，打扮得光鮮亮麗，它還包含行為舉止、應對進退、處世態度，乃至表現出來的價值觀等，自然而然形成一種專屬個人的整體感，所以形象是必須建立的，而非只靠包裝就可達成。試說明如下。

這就是氣質：舉止

　　臉部及眼睛：平視，不宜習慣性仰頭上視（高傲）或低頭下視（沒自信）。臉部平時保持微笑，嘴微閉；會客時，微露齒，但不宜張口，開懷笑時以手掩口。眼睛避免不自主或緊張時猛眨，眼睛有神但輕柔，誠懇、專注望著對方的眼睛，但勿直瞪。

　　胸腰臀：挺直（猶如深呼吸時，但勿過分挺胸），身體不可駝背、歪斜；肩膀自然放鬆，不可一高一低；雙臂自然下垂或在小腹前交叉，右掌放在左掌上，雙臂不可叉在胸前或放在身後（才能快速服務）。

　　站立：女性兩腳尖呈「卜」字形姿態優美，若怕站不穩，則大腿、膝、小腿、腳跟合併，腳尖微張亦可；一膝向內微曲，兩腿呈「K」字形亦很優美。男性兩腳微張，腳尖呈「V」字形，體重均置雙腳，

以避免前傾後仰、左搖右晃；勿三七步、倚牆斜靠、手插口袋、身體搖晃等不禮貌行為。

坐定：會客時應坐正挺直，展現優雅的背腰臀 S 曲線，不可癱躺於座位上或斜靠椅臂，腰部不可癱軟扭曲；身體略往前傾，表現聆聽動作；雙腳不可交足、翹腳，女性雙腳合攏斜置，男性微張；不可將雙手枕於後腦勺、以拳托腮或以手抿嘴，女性兩掌合疊置於小腹前，男性微握拳頭置於腿上。

行走：行進時腳跟先著地（穩重），再以腳尖墊起（輕盈），腳要提起，不要拖地，走路聲是腳跟著地聲，不是鞋底拖地聲；步伐穩定，速度和緩，直線行進，以免跌跌撞撞；身體略為前傾，肩膀不可晃動，雙臂自然擺動，幅度不宜過大；男生步伐可略大（但不宜太大），女生步伐宜小，保持態度優雅。若有急事可加快速度，但仍應注意步伐穩定不要慌張急促。

手勢：可做適當手勢，但不宜過多、幅度過大、誇張；招呼、介紹、指名他人時，手指並攏，手掌向上，不可用食指直指人或物。激烈手勢如非必要避免過度使用，如握拳、揮舞、砍、劈、彈指、指點等。不雅次文化手勢應避免。

身體行為密碼：禮儀

基本禮儀應注意，如主動與人親切招呼、以手引導讓客戶先行、動作輕巧優雅（如關門、放東西不可大聲、粗魯）、不要與人大聲爭論；出入要隨手關門、……，各種用餐禮儀、乘車禮儀、行進禮儀、交談禮

儀等皆須注意，主要原則為：禮貌（禮讓）、服務、輕巧、優雅。

避免不雅動作，如：抖腳、打哈欠、挖鼻孔、揉眼睛、打噴嚏不遮掩、在客戶前補妝梳理……。如需整理服儀、擤鼻涕、放屁、……等，可以借用洗手間名義暫時離開。

注意不經意小動作，如搔癢、伸懶腰、扭頭、不斷搓手、一直看錶（鐘）、心不在焉、東摸西摳、身體扭動、一直碰觸對方身體……等。

禮貌的動作容易引起別人好感，如：約會提前到達（等客戶，不可讓客戶等）；熟記準客戶姓名與頭銜；應對進退需彎腰鞠躬；滿面笑容與人招呼；迎送應至大門口、電梯口或車上；有新客人或長輩到時應起立迎接；表現出愛心和公德心。

與人初次面談距離若過近對方會有受侵犯感，過遠則有疏離感，適當距離約為一個手臂長，後來再視情誼增長逐漸拉近。適當的拉近距離與身體接觸（如：握手）可迅速增加彼此親密感（男性不可對女性先做握手動作，晚輩對長輩亦然）。

結論：展現個人魅力與特質

成功的形象絕非靠亮麗的包裝即可達成，它更包含一個人的言行舉止、處世態度、乃至思想價值，因而展現出個人特有的氣質、氣度乃至風範，因而散發出吸引人的特質，而這就是「魅力」，也是快速打破人際之間藩籬的關鍵，所以從現在開始，我門就要開始培養並建立自己的優質形象喔！

專業形象～說話篇

業務活動時，不管是對緣故進行約訪、說明，或對陌生進行開發，都需要說話，所以聽覺形象便十分重要。有人外表漂漂亮亮，卻是十足的「開口死」，視覺形象再好也功虧一簣；而有人外表平凡，開口卻「一鳴驚人」令人刮目相看。

曾經有專家形容，民主的美國總統大選其實就是演講比賽，包括總統候選人，乃至候選人夫人的演講都決定選舉的勝負，所以一進入辯論期，候選人與夫人都停止一切活動，只做一件事：準備電視演講。業務開發何嘗不是如此？所以說話形象訓練與養成，也是業務開發成敗的要件。說話形象可分成兩個，一是說話的語聲，二是說話的藝術。

說話的語聲

根據研究，溝通時，聲音語調佔印象的 75%，而談話內容只佔 25%，因為語聲是一種「感覺」，不需要人特別在意，它就會持續產生影響；而內容是一種「理解」，只要注意力註1稍不集中就會疏忽，所以感覺會比理解更有影響力。另一個語聲比內容更能影響聽者的原因是，同樣一句話用不同的語聲說出來，效果就可能完全相反，甚至不用聽到內容，只憑語聲的感覺，就知道對方的態度，譬如，有人常說，動物聽得動人話，動物哪聽得懂人話？但牠確實可以從人的語聲判斷人的態度，進而判斷人的意思。動物都如此，何況是人？

因此，善用語聲，讓對方喜歡您的聲音談吐，他就不會毫不考慮的說：「對不起，我要去開會了。」然後無情的中斷談話，這樣就有繼續談下去的機會，而這正是業務員要爭取的訪談機會！語聲形象訓練包括下列要素：

1. 音質：

音色雖不能改變，音質卻可以改變，軟一點、甜一點（男生則抒情一點）、帶有笑意，會產生感性與親切的吸引力。反之，硬性一點會有權威感。進行拜訪前應先開嗓，清清痰、伸展身體和肺活量、試著演練一遍，確定已到達良好狀態，試想，一開口一口痰卡在喉嚨，是多沒禮貌的行為。

2. 音量與高度：

過高造成對方壓迫感，過低有催眠效果，故避免過與不及，並視自己要達到的效果隨機運用。平常狀況下，輕聲細語、語調壓低，讓人有被呵護感，容易放下戒心；進行說服時，則剛好相反。此外，人在緊張或亢奮時，不自主會提高音量以及高度，會讓對方感到刺耳和壓迫，因而產生不悅與焦慮的情緒，平時講話就大喉嚨的人宜特別注意。

3. 速度：

過快造成對方壓力與理解遲鈍、過慢使氣氛沉悶，故宜不急不徐並視對方反應調整（參考：一分鐘 180 至 240 個字），務必讓對方聽清楚，不要為了怕還沒說完而對方已經拒絕，就像基金廣告一樣使出連珠炮，這絕對只有反效果，因為對方只會覺得像被機關槍掃射過，什麼都沒有聽進去。但要促成時，速度可略快，讓對方有點壓力與思考遲緩，進而聽從我們的建議。

4. 斷句：

句與句間的停頓空檔，是為了讓句子有逗點，使人更清楚要傳達的語意，同時也讓聽者有理解、反芻語意的時間，譬如，簡單的一句話：

「我是 00 公司的林姵芬專員。」也會讓對方在腦海裡產生對「00 公司」印象的連結，如果此時有個斷句，對方就有時間會意過來，說不定他還會說一句：「就是 00 代言的那家喔？」客戶有回應是訪問邁向成功的一大步，所以多留斷句給彼此一點空間。但一樣的，要促成時，斷句時間可略短。

5. 語調：

要親切的像朋友在聊天，不要平淡或單板的像在放錄音帶，如果對方沒有親切感產生，而覺得：「又是來推銷的。」那機會可說已經消失了。而要促成時，語調的堅定性就可以提高。

6. 口條：

能夠運用上述聲音表情，流利通暢的表現語句，不會支支吾吾。不用太刻意表現陰陽頓挫，自然就好，因為在自然的狀態下，語言自然就能因為內在的情緒而表現出它應有的「神情」。也不用刻意強調字正腔圓，有一句笑話說：「該捲舌的都捲舌了。」聽起來還滿彆扭的。

7. 姿態：

剛開始訪問時客戶對我們還陌生，或者遇到客戶不悅的客訴或刻意的刁難時，應該採用柔軟的姿態，這樣可以降低對方的攻擊性。但到了促成期，姿態應該越趨堅定。

8. 用字：

可優雅但避免文謅謅，可活潑但避免俗鄙。說話以溝通為目的，令人產生好感為原則，在對方可理解狀況下，以雙方共同的語言程度為主。另外，剛開始用字多是請教式的，誘發其說出需求；隨後是顧問式

的，我有我的專業，可提供您諮商；促成時是專家式的，專家的話有其權威性，可接納採用。

說話的藝術

一個口若懸河、技壓群雄的人，不見得是好的銷售員，因為銷售員不是律師，他必須懂得行所當行，止所當止，並隨機轉變他講話的強弱姿態，譬如，客戶很多疑問、責難（攻擊）時，我就必須婉轉以守；客戶猶豫不決，不能下定決心（守）時，我就必須堅定力邀成交（攻擊），而什麼是婉守的語態，什麼是攻擊的語態，上面大略都有解釋。

我們要理解一個道理：真正侵入性的銷售說話藝術是外柔內強，外柔對方會卸下心防，內強則伺機攻進去，如果是外強肉柔（講話很強勢，但該力邀成交時又很猶豫）或外強內也強，都不是好的銷售說話藝術，因為外強，別人馬上提高防禦，要攻進去難度就提高了。

一、外柔說話藝術

1. 態度：

莫用懷疑、責難、否定、批評、輕蔑、嘲諷、輕佻、嚴苛……等負面句法，而要用肯定、請教、讚美、祥和、關懷、幽默、感謝……等正面句法。尤其避免習慣性以負面句法開頭，如：「不是啦」、「您不知道啦」，或以「您還不行」、「您是錯的」來結尾。

2. 禮儀：

讓人覺得說話有氣質、涵養，因而享受您的談話。說話時要微笑，

但忌諱一直笑、大聲笑、邊說邊笑、失去儀態；銷售當然要說話，但切莫話太多、太宏亮，變得聒噪、吵鬧；溝通就是兩人對談，但不能兩人對話有如在吵架，亦不可妨礙到週邊其他人，反之，亦不可表現沉悶，令對方打退堂鼓。此外，說得多不如說得巧，應注意說話之對象、時機與方式。

3. 傾聽：

　　語言最高技巧不是說話，而是傾聽！不要滔滔不絕，要讓別人完全陳述，聽完整對方的意思，才能知道對方心裡想什麼，我也才會知道接下來該用什麼態度與方式與之對應；不要爭辯，贏了辯論，輸了友誼，還是輸。

二、內強說話藝術

1. 臨危不亂

　　不管對方如何責難我、商品或公司，我都會用柔軟的姿態以對，但絕不會露出驚慌失措的神情，也不會喪失原有的氣質涵養與專業形象，這個臨危不亂的氣度無形中會使對方產生敬意，並收斂攻擊性，甚至他會覺得自己太過火了。相反的，如果亂了，對方只會更趁虛而入，最後順理成章的趕您出門。

2. 轉換主導權

　　隨著時機的演進，逐步加深影響力，並漸漸轉換主導權，在無形中從請教者變成顧問，最後是權威專家，可是對方並無察覺。

3. 力促成交

成交是客戶最困難的決定，這時唯有靠銷售員堅定的態度、讚美、激勵，和特殊的技巧才能使事情變得順利，這時銷售員必須比客戶更堅定才可以。

結論：熟能生巧變超業

跆拳道有一句名言：「每日練習五百遍成習慣，每日練習五千遍成反射動作。」任何形象的營造也是一樣，都須靠累積訓練來養成，而非一說就懂，一練就會，所以成名的「麻豆」也必須每天不斷練習走台步。從現在起，不斷的練習，讓生疏變熟悉，然後成為習慣，最後變成反射動作，這時一個優雅而閃亮的超級業務員就準備誕生了。

註 1. 注意力：一般人對談話的全心注意力不會超過一分半鐘，而普通注意力不會超過十分鐘，所以請注意，一開始的「關鍵 90 秒」就必須抓住客戶，而在前十分鐘就要高度引發客戶繼續聽下去的興趣。

形象的精神層面～深緣四訣

台語有一句說話：「生水不如生緣。」意思是說，一個人生得漂亮不如生得有人緣，還說：「淺緣、深緣。」一個人一開始覺得很喜歡跟他相處，但沒多久就不喜歡了，這是「淺緣」，但與一個人越相處越喜歡，如老酒越陳越醇，便是「深緣」。業務員當然又要水，又要深緣。

業務員如果有好的外表形象便是「生水」，但如果要讓人覺得「深緣」便需要有好的應對進退與待人處事的態度與方法，而其中的「四緣」便是：「傾聽、支持、溝通與感恩」，而這也是形象的精神面因素。

傾聽

有一次一位保險業務員向我增員，一開始便說：「林大哥，麻煩您給我十分鐘的時間向您解釋保險的真相。」我說，我曾在保險公司擔任主管還需要您跟我解釋保險的真相嗎？他不理會，一直要我聽他說，我說一句他回十句，最後我覺得很煩，問他：「您知道推銷的第一步是甚麼嗎？」他說不出來，我告訴他，是「傾聽」。

如果我們要與他人溝通、說服別人，卻連對方想的是甚麼都不知道，那就只是一廂情願、強迫別人，結果可能是爭執或不歡而散。相反的，如果我們知道對方心裡在想甚麼，那便可以輕易地據以突破心防。那我們要如何知道別人心裡在想甚麼？其實並不需要聽心術，只要「傾聽」就可以了，所以只怕對方不講話，哪有自己一直拼命講，要對方閉嘴的？可惜，人都是以後者居多，因為人總是充滿優越意識，以為自己最行，別人只要聽自己的話就好了，這樣不但要客戶成交會難上加難，恐怕還會多了一段「孽緣」！

所以，銷售中，客戶對我們的行業、商品、功能、公司、服務，甚至個人有意見都沒關係，讓他完全講出來，我們才知道問題在哪裡，然後才能加以解決或做拒絕問題處理，最後客戶才會得到他想要的滿意答案或撫慰，這樣才有成交的可能。

　　如果對方悶不吭聲怎麼辦？這時就要用「反問法」誘導他講出來，譬如：「勞保如果不破產，也可能給付縮水，您想過退休後的經濟來源嗎？」或「最近政府要試辦『以房養老』，您聽說了嗎？」

　　銷售是要賣出能滿足客戶需求的商品給他，否則不要說〈消保法〉有訪問銷售的鑑賞期規定，客戶七天內隨時可以無需理由要求全額退費，如不能滿足客戶需求，這樣的交易也毫無意義與貢獻，而要滿足客戶需求需先了解客戶需求，而要了解客戶需求，則需先完全傾聽。

　　此外，如能完全做到傾聽，對方會覺得您「善解人意」，跟您交談是一件交心的事，還會將您當成「知己」，如果交易關係變知己關係，不是又多了一位協力者嗎？

支持

　　傾聽中，對方會談及他的意見，很多人開口第一句話是：「不是啦！」或對方還沒講完就直接否認他的想法，然後滔滔不絕發表自己的意見，這樣就注定彼此之間的對立關係。而有些人則是開始批評對方的想法，這樣要相看兩不厭恐怕很難！有人甚至出現人身攻擊的語句，「您怎麼會有這樣不成熟的想法？」雙方不互槓起來，也難，而且「對事」也變成「對人」了！我經常見到業務員氣呼呼地回來，大

力數落準客戶有理講不清，真是「贏了辯論（其實也沒贏）、丟了客戶（丟得倒很徹底）」的最佳寫照！「我覺得您對勞保可能面臨破產的問題見解很透徹，真是受益良多！我可以再請教您嗎？……」同樣一句話，為什麼不這麼說？

此外，與客戶面談，除了怕客戶不說話，也怕客戶不講實話，用反問法也莫衷一是，原因除了客戶個性內向外，最主要是心防還沒打開！一般來說，很少有人會對一位陌生人吐露太多個人資料和內心想法，但得到讚美、鼓勵、請教與支持後，他會全盤托出，因為，他認為您懂他，也尊敬他。如果遇到「守口如瓶」的「閉思」客戶，不一定要「開門見山」直切主題，從他的穿著、談吐、氣質……，甚至聲音很好聽、讓人覺得親切……，等支持「迂迴切入」，也是一個訣竅。

溝通

我們的目的是在了解客戶資料與需求，這樣才能幫他做完好的通盤商品設計與規劃，進而得到他的認可與滿足，而不只是在奉承阿諛他，所以進行溝通才是最主要的步驟，傾聽與支持是鋪陳與建立友誼，當然也是溝通時的態度。

溝通的目的在彼此充分交流、理解後，得到一個各方都能接受的結果，這也是「最適結果」（經濟社會問題沒有標準答案、最佳答案，只有協調後最適合大家的結果），最忌諱藉溝通之名行說服、強迫甚至欺騙之實，否則溝通便完全喪失意義！

溝通必須充分，所以必須不斷「問問題」解開癥結，但對方有甚

麼義務回答您？所以我們是「請教問題」（而非「質詢」）讓對方說出心裡的想法，這樣也有助他釐清自己的想法，我們也才能與他討論出結果。所以怎麼問問題便是學問，您不能天馬行空亂問一通，必須切中對方的現況和需求，逐步逼進結果。譬如：「您家庭開銷大，扣掉開支之後每月剩下約八千元，這樣的話，保障比儲蓄重要，您覺得呢？」如此就有具體切中問題關鍵。

感恩

每次晤談後，記得感謝對方的指正和賜教，我遇過有人在與人共同切磋研討後，竟然認為都是他在教導對方，還「好心」的說，以後有問題可以隨時去請教他，對方臉上頓時出現三條線。這種人在團隊或與人合作的過程中，也都是認為自己是奉獻者，而別人是受益者吧？

一個人如果好為人師與自我感覺超級良好，無形中會流露出一種自己都不知道的優越意識甚至傲慢感，思想的方式也會變成「天龍人」，處處自以為是，以自己的立場與觀點為正確，與自己不一樣的就是錯，甚至批判之。所以人要懂得感恩，縱使只是一絲一毫受教（惠）於人，也要心存感激，並知恩圖報，這樣才能讓人樂於下次再與您相處、共事，甚至樂意拉您一把。

另外，台灣話說：「嘴水（漂亮）呷水甜。」亦即人的嘴巴甜，縱使只是請人喝水，別人也會感到窩心。所以，當您對人感恩，還要表現出來、說出來，這樣才會「得人疼」，覺得幫您是沒白費了。每次會晤後，如果懂得用感謝來結束會談，同時也是為下次的會談開好門。

「林先生，這次跟您面晤，我學到很多房地產理財的觀念，對我很有幫助，非常期待能有再與您請教的機會。」與「林先生，這次跟您說了很多房地產理財的觀念，應該對您很有幫助，希望您好好思考一下。」您覺得，誰會獲得下次面談的機會？

結論：深緣生緣　生活萬靈

　　「傾聽、支持、溝通與感恩」並非只用於對客戶面談時，而是生活中待人處事的態度，不管是對客戶如此，對長官、對部屬，乃至對父母、對伴侶、對子女都是如此！很多人對客戶很體貼，爭取很多好業績，但回到公司或家裡就變另外一個人，是成功的業務，卻不是成功的職場達人或新好男（女）人，原因在於他們沒有完全將很多學習充分內化為自己的德性，有時是因人而異，有時是說一套做一套。期待每位成功的業務員都有發自內心的涵養與德行，不只是成功的業務，更是成功的完美典範！

第三篇

天使不斷電：
目標設定與成功態度

人生的探險船要正式啟航了！
啟航前您要先確定寶藏在哪裡、
有航海圖、做好充分的成功心理建設
並與一群也是追求寶藏的好夥伴同行

人生奇幻旅程三部曲

現在我們都知道唯有堅定目標才能創造亮麗人生，業務員亦復如此才能成為銷售巨星，所以接下來要談談，如何從願景設定目標，並找到達成途徑的人生奇幻旅程三部曲。

願景、目標、途徑

有兩種人容易成功，一是天生有成就慾望，二是背負成就壓力（如：改善家計），他們目標明確、動機強烈、跌倒會再爬起來，所以容易成功，其餘的人大多會因為缺乏這三項因素而表現平平，不管他智商有多高。如果您是容易成就者，那恭喜您，如果不是，則您必須深思，您想成功嗎？

其實，做一個甘於平凡、安貧樂道、一簞食一瓢飲不改其樂的現代顏回並無不可，那也是一種人生的選擇，但您是否想過，在這經濟崩壞、勞國保可能破產、起薪 22K、平均實質薪資 3.4 萬……（以上為 2012 年資料）的時代，如果沒有足夠的事業鬥志，最後是否可能連家人溫飽、老年退休金都沒著落，成為沒有尊嚴的家長，甚至變為家人的拖累？您也可以再想想，看到路上流浪的老人、無父無母的孤兒、天災人禍的受難者、挨餓受凍的非洲難民……，是否有伸出援手的憐憫之心？還是只能假裝視若無睹的走過去？

所以，您更可以積極地換個角度思考下列問題：

1. 人生應該有更多的閱歷與見識，而非只限於五斗米與斗室之中，猶如女性不一定只能限於廚房一樣。

2. 人的意義與價值可以更加提升，而非只限於滿足自己的慾望，「人」的價值與貢獻可以極大化。

3. 創造更大的財富價值，並非只限於保障自己與家人的溫飽和享受，而是可以造福更多需要幫助的人。

總之，您是否接受「人生的價值在於創造」這個定律？如果您願意接受人生的創造價值，才能創造出價值，那麼從現在起，您必須設定人生奇幻旅程三部曲：人生願景、終極目標、達成途徑，為自己找到寶藏、目的地、航道。譬如，一位電台負責人告訴我，他一生中經歷三次重大意外，卻都奇蹟生還，所以設定了如下的願景、目標和途徑，而且因為堅定的信念，所以正在穩定達成中：

人生願景：在神的見證下做慈善事業。
終極目標：有兩億的身價，生前布施一千萬元以上，身故後 90% 捐出。
達成途徑：經營電台事業，年收入 300 萬以上。

人生有願景（如做慈善事業），但要如何達成？這有很多不同的到方法（如成立慈善會、做終身志工、賺錢持續布施……），所以目標和途徑並不相同。又如我一位友人天生熱愛文藝，人生願景是終身從事文藝工作，一開始終極目標設定為成為名作家，可是後來發現現代人不喜閱讀，出版萎縮，作品根本很難面世，
於是改變終身目標為致力讓創作者的作品問世，並選擇做自費出版社為途徑，因為熱愛，所以樂此不疲，因此成為自費出版第一品牌。

人生願景：終身從事文藝工作。

終極目標：成為名作家→讓一千位創作者作品面世。

達成途徑：成立第一品牌自費出版社。

　　您的人生三部曲為何？請記錄下來，切記，這三部曲就是您的「開關」，它們被打開、電流越強，您的能量就越強，它們越弱您就越輕忽！在此要提醒您：「夢想到哪裡，成就就到哪裡」，沒人給您前途設限，如果有也是您自己！連續三十年拿下日本保險業銷售第一名、名列金氏世界紀錄的柴田和子說，她成功的秘訣就是設定「最高」的目標，然後比別人努力十倍達成，勇於作夢，敢於追求！

三部曲範例：

人生願景：幫家人存夠生活費、子女到美國留學、幫助偏遠地區孩童。

終極目標：累積兩億資產，身後成立山地清寒獎學金。

達成途徑：45 歲成為業務副總。

我的三部曲：

人生願景： 終極目標： 達成途徑：

設定長中短期階段目標

　　如果您已經完成了人生三部曲的設定，那麼就應該制訂人生地圖，指引自己步步前進，一個階段、一個階段的完成。有人認為前途是機會主義，誰也不知道下一次會拿到甚麼口味的巧克力，所以做計劃並無濟於事。如果這麼想就大錯特錯了，試想，一個政府如果沒有十年施政方針，而任憑「橋到船頭自然直」會是甚麼政府？一家企業如果沒有十年營運計畫會是甚麼公司？相同的，一個人如果沒有看到十年、二十年後，會是甚麼樣的人生？譬如，學生在學時就要規劃好畢業後是要考研究（哪一所？）、出國（哪國、哪校？）、考公職（哪等、哪科？）或就業（什麼行業？），然後才能據以確定現在是要充實考試科目、托福測驗或技能檢定，而且現在設定的目標就大半決定未來的成就與能力的發揮，譬如有人勇於破釜沈舟挑戰名校，有人想安全的上二等學校就好，目標不同、付出不同，成就自然不同。最主要是，如果沒有規劃好，那「由你玩四年」後就一事無成了！另外，政府與企業機關每年都要做明年的執行計劃與預算編列，然後才能按部就班執行，方不致不知所措或亂花錢，如果連年度計畫與預算都沒有，這絕對是一個崩壞的組織，那個人何嘗不是呢？

　　所以，機會主義與環境變遷下的「計畫趕不上變化」指的是細部與執行的改變，我們不能拘泥而一成不變，也不能一成不變，但大方向是不變的。譬如，公司可能與更好的企業合作、隨時更新商品與技術，但要在十年後國際化與成長倍增的目標是不變的。此外，「未來」（或業績產出）確實有不確定因素，但第四篇會提到「業務產生方程式：拜訪量＊成功率＊平均產能＝產量」，所以要克服不確定因素的方法便是提升拜訪量、成功率、平均產能三個因素，但唯有制訂目標，

才能衡量拜訪量、成功率、平均產能是否足夠。

所以，面臨自己的人生，就必須把自己當 CEO 一樣來企業化經營！我們必須據自己的三部曲設定長中短期階段目標，越長期越政策性（不變）、越短期越執行性（靈活），請完成您的人生長中短期階段目標設定。下表是規劃到年度計畫，詳細的年、半年、季、月、周、日計畫，詳見〈工作日誌〉。

長中短期階段目標範例：

階段	長期	中期	短期
性質	政策性	戰略性	執行性
期限	30 年後	10 年後	近 10 年
目標實例	業務副總	第一個 10 年：業務經理	第 1 年收入 100 萬
		第二個 10 年：處經理	第 2 年收入 110 萬，晉升主任
		第三個 10 年：業務總監	第 3 年收入 120 萬，晉升襄理…

聰明的 SMART 目標計畫原則

如何制訂目標計畫是一門學問，這會關係到您如何執行，因而會關係到是否會成功，譬如一個想減肥的人說：「我少吃多運動。」就不會成功了，因為這實在很模糊，根本不知如何具體執行。但如果他確認：「每天少吸收 300 卡，多運動 300 卡。」並據以制訂食譜、運動計畫，那就成功一半了，剩下的一半是「執行」，這會在第六篇探討。

彼得杜拉克（Peter Ferdinand Drucker）曾提出「SMART 原則」，是制訂目標計畫的經典學說，我們可以用來制定生涯目標，說明如後：

1. 具體的（Specific）——衡量指標

目標必須有衡量指標才具體，譬如「我在四十歲時要成功！」那「成功」的指標是甚麼？「五子登科」：有「妻子」、「兒子」、「房子」、「車子」、「金子」；做到主管「職務」、每年可以「捐贈」、獲得更高「學位」、獲得 OO「榮譽」，這樣，您的成功指標和努力道路就很明確了。

2. 可衡量的（Measurable）——數量化

但這個計畫還是不夠周詳，因為公寓也是房子，別墅也是房子，所以指標必須可以用數量化來衡量，這樣才能斷定您是否真的達成了。如：我要在四十歲時擁有一棟「一千萬的房子」、一輛「七十萬的車子」、「七百萬的存款（或基金 / 儲蓄險）」、做到「業務副總」、每年可以「捐贈 10 萬元」、獲得「EMBA 學位」，並獲得「OO 榮譽資格」。有沒有達成？還要多少才能達成？便都在衡量之中。

3. 可達成的（Attainable）——每期進步 10 ~20%

制訂目標必須具有挑戰性，誰也不能為將來設限！1938 年有一家公司以乾魚、蔬果進出口為業，1969 年成立電子公司，1998 年全集團虧損一百億美金，2010 年卻成為全球最大科技廠，那便是韓國三星（Samsung）集團。同樣的，誰會料到，1974 年以十萬元成立黑白電視機零件廠的郭台銘，在今日會是台灣與華人第一大科技廠的董事長，並成為台灣首富？

未來誰也不能設限，但絕非一蹴可及！所以在過程中絕不能好高騖遠，必須「步步驚心」，所以設定的目標要富挑戰性但必須可以達成，如此最終才能有「高」達成（而非只是達成）。因此，我們不是採用平均式的目標（如：今年目標 120 萬，所以每個月 10 萬），而是採用「階梯式」目標（如：第一個月 10 萬、第二個月 11 萬、第三個月 12 萬、第四個月 13 萬……），每一期都比上期進步 10 ～ 20%，這樣才能挖掘可達成的無限潛能。

4. 有相關性的（Relevant）──目標導向

　　為了達成終極目標，我們會做很多動作，但這些動作必須與達成目標有密切相關性才行，譬如英文很重要，但我的工作加入社團結交朋友才是產能來源，英文根本用不到，那我應該將時間用在加入社團而非去學英文。同樣的，我們必須去尋找、設定要達成目標必須做哪些重點工作？做對的事、與目標關聯的事、高績效的事，不要在不相關、沒績效、雞毛蒜毛的事上打轉、窮忙，這就是目標導向。要舉辦同學會？擔任義工？經營網路社群？學習第二專長？到處演講做陌生開發？……完整規劃好達到目標的相關途徑，才能一直沿著對的路最後走到對的目的地！

5. 有期限的（Time-based）──考核日

　　目標一定要有一個考核期限，而非可無限期延長，否則永遠沒有達成的一天。譬如，我「明年元月」要晉升主任，那麼至今年 12 月 31 日還需要 200 萬業績，這樣是不是很明確呢？有期限才會有壓力，否則便「遙遙無期」了。

結論：做作業，決定未來

暢銷卡通《海賊王》主角魯夫常大喊：「我要成為海賊王！」他充滿願景、目標明確、有一個航行地圖，加上充滿達成的鬥志，所以逐步達成目標！同樣的，在人生的旅途海洋上，您有願景、目標、地圖（各期階段目標）嗎？如果有，就能揚帆啟航，否則就只能無目的的漂流了！好了，現在請依據您的人生三部曲、長中短期階段目標、SMART 原則制訂您的人生地圖（見下表）。

我的人生地圖：長中短期 SMART 目標

階段	長期	中期	短期	
性質	政策性	戰略性	執行性	
期限	30 年後	10 年後	近 10 年	
目標		第一個 10 年	今年：	
			明年：	
			後年：	
		第二個 10 年	4 年：	
			5 年：	
			6 年：	
		第三個 10 年	7 年：	
			8 年：	
			9 年：	
			10 年：	

新人黃金九十天

　　或許您現在剛進入銷售業，雖然主管一直給您打氣、輔導，但您還是覺得前途茫茫，感到很徬徨，甚至有想要離開的衝動，別心急，這是剛進入一個新環境因為不確定性而自然產生的逃避現象。這時您要告訴自己：現在連皮毛都還沒摸到，想到去留不是言之過早嗎？至少熬過三個月再說，如果這是一個錯誤，那學到教訓；如果這是好工作，只是我不適合，那學到經驗；如果因而定著，那我得到寶藏！所以至少要堅持學習三個月，這就是新人的「黃金九十天」。

留才的「333 理論」

　　人力資源的「留才」上有一個著名的「333 理論」：一個新人到企業報到後，「三天」內他每天都會猶豫明天是否要到公司上班？若過了三天，他就會做滿三個月；到了「三個月」時，他和企業就會決定彼此是否應該繼續合作下去（一般而言，這也是適用考核期）；若是新人留下來，那他就可能做滿三年，但「三年」又是一個抉擇去留的瓶頸期。這個理論用在人員流動快速的銷售業上更是一針見血，每個「3」都是一個關卡！為何留才會有這樣的現象呢？

　　在前三天時，新人初到一個陌生的環境，人際關係疏離、心靈孤單、無法融入團體、專業不足、對前景也茫茫無知，所以此時內心自然會有恐懼感甚至排斥感，除了希望回到他以前熟悉的環境外，也會有逃避的念頭，而此時因為焦慮和無知引發的身心不適，也會加深這個念頭。

　　三天後，新人逐漸認識同事和環境，心防也逐漸打開，但隨即面臨另外的問題：業務不上手和承擔任務產生的壓力，以及對新的管理方式和組織文化的重新適應。這時新人最易和以前的狀況比較，以前的工作

和環境是經過長期的磨合而適應的，但新的工作才卻剛要開始而已，雖然這樣的比較是不對等的，然而新人的心裡還是會這麼做比較。

三個月左右，新人逐漸了解業務和組織的概貌，但也因此他會開始評估，這個工作適合我嗎？有前途嗎？我真能盡情揮灑嗎？工酬合理嗎？單位的管理氛圍和企業文化適合我嗎？

三個月後，當他繼續願意留下來（當然也要通過公司考核），即表示上述的各項問題，是他與其它因素比較之後「可以接受的」（不見得是「滿意」），而且，新人可能只是「騎驢找馬」，日後也可能會因為職業倦怠而離職，或因專業良好而跳槽，而這個轉折期間大約是三年。

搶救新人大作戰

瞭解了新人在不同時期的不同反應，便容易對症下藥，自我提升到新環境的留存率！

在前三天，新人的問題多是心理的，而且是惶恐的，所以這時應該更謙卑，謙卑才能像海綿一樣快速吸收，也才能得到別人的援助，而非嬌裡嬌氣的，或油嘴滑舌的。主動去認識公司、環境、人員，與他們建立良好的互動關係，並完全參與公司的生活、活動，如此才能順利建立新人際關係、融入新家庭。此外，這時對主管、幕僚單位、其他業務同仁更應該主動去關係破冰，表現和善和熱情，吸引別人喜歡您，他們將來都會是您的貴人，積極累積人脈存摺，您已經成人了，不是個小媳婦，所以不能等著別人來招呼您，尤其做業務工作，不更

應該是如此嗎？

　　三天後，新人會開始較正式的接觸知識、技能和任務，但因新人此時是「狀況外」，所以會產生極大的徬徨。這時您應該盡力收集資料，或知道所需的資料在哪裡可以獲得，勾勒出完整的任務樣貌，建立全面性的概念，才能避免有瞎子摸象的茫然感。如果遇到任何問題，都應該不恥下問隨時請教別人，並把它筆記起來；遇到困難要勇於面對，積極請求協助，尋找解決的辦法和貴人，不要獨自躲起來害怕、無措，這樣只會困坐愁城，一籌莫展，最後毫無進展，甚至延誤事情的時機。當然，您會有挫敗感的衝擊，但這是正常的，誰能到一個陌生環境就立即上手？告訴自己，熟能生巧，我正在進入狀況中。

　　三個月左右，新人開始實際獨立負責業務和執行任務，所以也開始思考這個產業和團隊適合他嗎？這時要每天主動找機會和主管或前輩做計畫、工作和績效的溝通，請他們輔導您、指正您，告訴您您不知道的，以便深入理解工作狀況和真實樣貌。這時您要加強正面思考、發揮潛能、創造佳績，對前景充滿憧憬。三個月時期，如果您產生實際的績效成就（而非只是感覺良好），就會繼續做下去，如果至此還適應不良，自然就會離開。

新人學習護照

　　新人要創造績效，除了態度外，另一個重要條件便是要掌握專業技能，比如不會舞弄鍋碗瓢盆怎麼做出一桌好菜？一家上軌道的公司應該都會有一套完整的新人訓練課程，並會在適當的時機進行調訓，這時新人的任務便是乖乖確實受完訓、通過測驗，如果第一步就不確實，以後

的路便難走了。我曾遇見一位進入金融業不久的人來跟我兜售，我問他幾個問題他不但答不出來還胡謅一番，企圖強辭奪理，我便問他，OO 課您上了嗎？他說公司有開課，但他沒聽完，我說，回去把該上的課都確實上完，不然您會害人害己。這就是學習護照上的章要蓋滿。

但我也見過一些行業並沒有整套的訓練規劃和課程，新人是丟到單位裡去讓老鳥帶，變成邊做邊學的「師徒制」，他們認為，帶個半年三個月的，自然就熟了，這樣做的缺點便是學習凌亂、依賴經驗而非科學方法，所以沒有訓練品質保證，最主要是將錯就做、依循前輩的陋習陋規。所以如果公司真的沒有一套訓練制度，那至少要有一份清楚分門別類的學習清單，明列應該學習哪些項目、由誰（單位）負責教導、由誰總督導，新人學習完後實作並經指導者認證，將學習護照蓋滿，這樣才能稍微確保品質。

如果新人來到沒有學習規劃的公司也不用氣餒，但必須隨時大量做筆記，有些新人學習只帶耳朵，就可看出學習意念不強。此外還要廣泛收集各種工作上的表格（最好是成品的影印範本）和資料，每天回家做整理和閱讀，頭緒便越來越清楚，也會知道哪裡連接不起來，趕快去請教前輩、蒐集資訊，如此絕對一日千里，最後把自己的筆記和資料依序分類整理清楚，竟然就是一套完整的課程教材！有些新人沒事幹時，竟拿起書或雜誌來看，學習護照一定東漏西漏，將來絕對不是表現優異的人。

結論：第一次就成功的重要性

新人「第一次就成功」相當重要，因為第一次大多是最戒慎恐懼的，

也是最初始的經驗，所以影響最深，這會建立您日後的信心以及對自我的期許，同時也正式展開一個成功的循環，如果第一次不是那麼成功，將來當然還是會有機會，但要回到第一次的戒慎恐懼，和建立初始經驗，都必須付出更大的代價，所以，讓您的成功銷售人生，從這 90 天就正式開始吧！

新人 333 診斷書

期間	前三天	前三個月	前三年
主要症狀	各種不適應和心理惶恐	對知識、任務不熟悉的壓力	對主管、團隊、產業的認同不足
處方箋	主動融入團體	積極進入狀況	提升績效產能
	尋找前輩、主管做諮商、協助、績效計畫與輔導		

養成成功工作慣性

有了目標就要執行，執行困難嗎？關鍵在於一開始是否就有養成成功工作慣性。物理學上有一個「慣性定律」：動者恆動，靜者恆靜。這個定律用在人的身上也是一樣，那就是「習慣」，一個準時早起的人時間到了就會自然醒來，不用人催，而一個睡到日上三竿的人，怎麼叫，他總是會賴床；又如一個有運動習慣的人，一天不運動便渾身不適，而一個從不運動的人有一天突然做起運動，也會苦不堪言。所以，習慣像一條條無形的繩索牽制了我們的行動，我們變成他的傀儡，也因此習慣決定了我們一生的命運。

「成功」也是一種慣性

香港首富李嘉誠在談到他的成功經驗時說：「習慣決定性格，性格決定命運。」後來這句話變成流行語到處流傳。這句話道盡習慣—行為慣性，已經決定一個人命運的道理。

如果人的慣性是生活規律、工作正常、按表操課，那至少不會失敗：如果加上認真學習、要求完美、喜歡保持領先狀態，那應該有不錯的表現：倘若再加上企圖心強烈、愈挫愈勇、喜歡締造紀錄，那就不用命運之神特別眷顧了，因為命運已經被自己所掌握！

但反之，人的慣性是生活步調紊亂、活動量不足、不按規定行事，那已經被打到 B 段班了；如果再加上逃避學習、犯錯連連、對落後麻木不仁，那已經被打到 C 咖了；倘若再加上染有惡習、處事逃避推諉、習於貧窮與沒有尊嚴，那也不用燒香拜佛了，因為神明也不知如何保佑，他已經被自己淘汰了！

所以，更明確的說，「成功是一種習慣，失敗也是一種習慣」！一個經常獲獎的人，如果有一次不小心中箭落馬，他會耿耿於懷，立志更加發憤圖強，把原本屬於他的再拿回來！而一個原本就疏懶的人，有一次得獎了，連他自己都認為不過是靠運氣吧，好運不會一直跟著我，那麼很自然的下次就會再掉下來。可見慣性是多麼深刻的影響、牽制每個人！

如何養成成功工作慣性

慣性如此重要，那要如何讓自己養成良好的工作慣性？「慣性定律」還有一個子定律：如果要動者停下來，那需要花費更大的力量才能阻止它，同樣的，要讓靜止的物體動起來，也要花比物體本身質量更大的力量才能推動它。這意味著，如果想要改變慣性，就必須花費更多的力量，但只要持續施力到慣性形成，一切就不用再施力了。

人的行為慣性養成也是如此，一開始是萬事起頭難，但一旦養成習慣後，就習慣成自然，絲毫不費吹灰之力，自然而然就會去做了，就如假日的早上我們還是會在上班起床時間自然醒過來一樣，所以一開始多花些精力去養成良好工作慣性，一輩子卻能受益無窮，絕對是值得的！

那要如何養成良好的慣性呢？如果您不是一個自律性相當高，可以自我約束行為的人，那就應該借助下列三個方式來改變自己！

一、配合公司制度與獎勵

配合公司的早會、教育訓練、團體活動、作業規範、考核規定……

等管理規範來活動作息,除了養成紮實的功夫,也因為有要求的力量,才能強迫自己養成正確的作息習性和工作慣性。銷售業是一個相當自由的行業,但「自由」會變成「自主」還是「散漫」則在「習慣」,自主則生,散漫則亡。學生如果不用強迫到校、不用考試或考不好不用懲罰,相信學生紀律和素質一定蕩然無存,同樣的,配合公司管理、主管要求來活動,最能借助團隊力量來督促、鞭策自己,進而養成正確習性。

公司不是只有規範,它也有獎勵與晉升,這些都是額外的所得,很多成功的業務員都是以達成公司獎勵來環遊世界,在收入和成長上同時增進,真是一舉兩得!同樣的,也可以用它來鞭策自己達成目標,變成驅動力。

二、表定業務員的一天

學生按表上課,所以能規律的生活與學習;工廠按差勤與時段上工,所以能維持安穩的產量。銷售業給人感覺比較靈活,所以很多人便沒有「表定」的概念,因而作業與生活一團亂。銷售人員如果沒有表定的一天作息規範,便容易淪於睡到日上三竿,然後不知該做甚麼的窘況!所以要表定業務員的一天,可參考下列簡單範例,當然可以視情況調整:

07:00　　　　起床
08:00~09:00　閱報、上網了解新聞、新知
09:00~10:00　公司早會、教育訓練
10:00~11:00　行政作業、績效評估與輔導、電話聯繫客戶

11:00~12:00 業務活動（訪客、Call 客或籌畫業務活動）

12:00~13:00 與客戶用餐

13:00~18:00 業務活動（訪客、Call 客或籌畫業務活動）

18:00~19:00 與客戶或家人用餐

19:00~21:00 補充訪客或參加社團＼聯誼＼補習＼社區＼公益＼運動……
（認識新朋友、取得新名單）

21:00~21:30 一天活動整理（工作日誌、活動與客戶管理）

21:30~23:00 充實、休閒、家庭時間。

23:00 前　　晚安～

PS：請注意業務活動量必須足夠，並不可忽略運動與家庭時間。

三、　建立成功循環

　　習慣就像一個輪子，是由很多因素環環相扣、相互影響而一直滾動，變成一個牢不可破的循環，只是，這是一個失敗的循環，還是一個成功的循環。

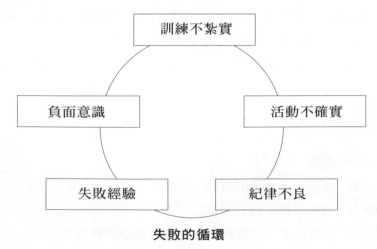

失敗的循環

如果現在正陷於失敗的循環，那就要尋找一個自己最適合改變的點切入，將這個失敗循環擊破，好像五條繩子糾在一起，只要解出其中一條，這個結就開了，然後再重新建立一個新的成功循環。

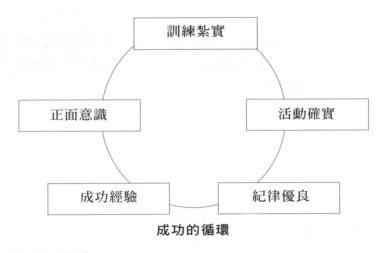

成功的循環

和成功同儕群聚

想要養成成功慣性的第四個重要方法便是要和有成功特質的人群聚，利用同儕的力量相互扶持，利用團隊的氣氛相互感染，看到別人成功見賢思齊，這樣您便會堅信做正確的事是對的，成功便會離我們越來越近！等到我們本身養成了厚實的成功特質與有了明顯的成功績效才能去談改變別人，否則都是空談！

一、醫學報導的例證

2011 年 10 月《新英格蘭醫藥期刊》（"The New England Journal of Medicine"；NEJM）一份由哈佛大學與加州大學共同研究

的論文指出，根據歷時 32 年、追蹤一萬兩千名受測者的結果發現，如果周遭朋友變胖，則受測者變胖的機率增加 57%；若是親密好友變胖，則受測者變胖的機率就提高為 71%！因為他們的生活方式、飲食習慣會互相影響。

此外也有一份報導指出，同寢室的女生如果長期一起同居生活，最後 MC 也會趨於同步，因為她們的內分泌會透過費洛蒙而相互影響，最後取得一個協調與均衡。

試想，周遭友人或親密朋友對我們生理的影響都這麼顯而易見了，更何況是無形的個性影響呢？所以行為學家就將這些研究解釋為：「近朱者赤，近墨者黑。」最後則變成「物以類聚」，成為「同一國的」！由此可知，周遭夥伴對我們的影響有多大！

二、讓「成功吸引成功」

在職場裡，通常會發現有「兩掛」人，其中又以從事業務工作最明顯。其中一掛是「向下沉淪（小強）掛」，經常聚在一起怪罪公司制度不佳、主管領導無方、後勤支援沒有效率、商品缺乏競爭力……，越說越激憤，整個職場喧鬧得好似菜市場，可是卻從來不反省自己的專業知識是否足夠、訪量有無達到標準、遇到問題的當責態度有問題嗎……？這掛人的特色便是：業績差、陣亡快，而且當他們換了一個職場後，還是很快又陣亡了，最後變成在行業裏到處流竄的蟑螂。

另一個「向上提升（自強）掛」則剛好相反，遇到問題時趕緊回職場請教前輩、向主管請求支援、不斷自我充實、努力不懈訪客、凡事

腳踏實地，滿腦子想的都是如何解決客戶交代的事……。這掛人的特色便是：成長快速而明顯、從新人獎到年度競賽到會長資格到國際獎項……，一路留下漂亮的足跡，用榮耀書寫生命的歷史。

您是小強還是自強？很簡單，看看親近的朋友大多是哪些人，就知道自己是哪一掛了，物以類聚嘛，而這似乎也註定您未來的命運了！良禽擇「群」而棲，在銷售業裡有一句名言：「成功吸引成功、失敗吸引失敗。」有成功特質的人會相互吸引在一起砥礪成長，有失敗特質的人也會相互吸引在一起抱怨哀嘆，所以要慎選能夠鼓勵您向上、激發您潛力的好夥伴和單位，同時您也要是個光明正面、積極向上的人，這樣才能讓人生充滿勇氣與意義，邁向成功之路！

結論：成功原來 Easy 又 Happy

人都有惰性，如果上班沒有考核，誰都會想要睡到自然醒；如果業績沒有考核，誰都不會想要出去拜訪客戶，但如果是因為有了壓力才被動去做，那也充滿痛苦，並非成功該有的特質。可是如果養成習慣一切成自然了，一切都變得理所當然，再加上歡喜的配合公司活動和制度、一直正向的滾動、有一群親密的成功戰友，人生充滿美麗的理想、高昂的鬥志、豐碩的戰績、令人驕傲的成就，做甚麼都是樂不是苦，這時，成功不但變容易了，而且過程充滿驚豔與歡喜！

第四篇

創世紀：
從零開始做業績

產生業績必須掌握兩個大因素

一是業績生產方程式

二是三個銷售基本功

重點是：實踐

所以您必須做完課後作業

否則一開始便注定

往後失敗的命運了

業績產生方程式～提升拜訪數

本篇要討論的是銷售基本技巧，接下來五講要介紹「業績產生方程式」觀念，掌握下列三個生產因素，就掌握銷售成功的竅門！

拜訪數＊成功率＊平均產能＝產量

這個方程式跟工業生產的公式：「工時＊每時產能＊良率＝產量」望似大同小異，但事實上，銷售業的績效包含更多「人」的「心理」、「心靈」與「社會」因素，所以更為複雜，績效也因而經常起伏不定，譬如，今天心情不好，則拜訪數、成功率、產能三個因素就可能全部降低，甚至只要一項為 0，就完全停止產出了！但如能有足夠的專業訓練，培養良好的工作慣性，還是可以掌控這些變數，持續保持佳績！

先來談如何提升拜訪數。播的種子越多，將來的收成越豐富，這是不變的定律，所以「拜訪量」是活動的根本！新世代裡，「勤」固然重要，但任何事都要講究方法與效能，而不是「勤能補拙」就 OK，否則恐怕只會落個「鞠躬盡瘁」，所以可多學習各種銷售技巧！

前輩成功術

要確保有足夠的拜訪數，首先必須有源源不絕的新準客戶名單，所謂「準客戶」不是必然成交者，而是我們可以去拜訪並加以培養者，他們在日後可能成為成交客戶，所以「準客戶」代表的是一次機會，而非結果，機會孵久了，才會變成結果，因此不可放棄任何一個準客戶名單，否則就是放棄任何一個機會。前輩成功取得新準客戶名單的方式如下。

一、緣故（九宮格）

先從自己熟悉的人檢視起，包括：1. 家人、2. 親戚、3. 社區鄰居、4. 同學及同袍、5. 同事、6. 社團夥伴、7. 業務往來者、8. 生活接觸者、9. 朋友舊識（過去的 3 ～ 8），戲稱為「九宮格」。

1. A 級客戶

台諺有云：「親戚 50，朋友 80。」這是發紅白帖時的基本數目，每個人「至親好友」至少 130 人，他們都是 A 級準客戶，依九宮格方式一個一個把他們列出來，就好像要發紅帖給他們一樣，一個也不要遺漏。

2. B 級客戶

九宮格中的緣故，有些不是「至親好友」，您不會發紅百帖給他，但與他認識或有點頭之交，這是 B 級客戶，把他們列出來，大約也是 130 位。

3. C 級客戶

如果各位將收藏的畢業紀念冊、團體通訊錄、名片簿、電話號碼筆記本……等拿出來，一定會發現名單至少是 130 的 10 倍，甚至 100 倍！當然很多人會遲疑，這些名單淵源其實不深（如：只是同校而已，根本不知道他是誰），有用嗎？但各位試想，如果連陌生開發都可以做出績效，這些名單不是更有某種可以切入的角度，因而更具成功率嗎？所以不要放棄他們，他們是 C 級準客戶。

二、轉介紹（遍地開花）

當我們接觸了緣故的人，不要忘記，他們每個人也都會有他的緣故（九宮格→130個至親好友），所以請他們轉介紹他的緣故給您，當您成交一個轉介紹，他又有他的緣故，再要求轉介紹……，所以這個九宮格是幾何發散的，透過不斷的輾轉再介紹，準客戶便遍地開花源源不絕！

當然，很多人一定會疑惑：「他為什麼要轉介紹名單給我？」是的，沒錯，為什麼？跟他經營好「情誼」關係（比「人際」關係更為親密）、服務得讓他滿意，樂得向人推薦、讓他也因此互利共惠，他就（才）會轉介紹給您！很多人一定也會疑惑：「那些業績始終保持優異的銷售明星，新準客戶終究是怎麼來的？」請相信，如果一兩次業績優異那是偶然，但如果始終保持優異那絕非偶然，他們的新準客戶大部分是從現有客戶那邊生出來的！

三、陌生開發（沙中掏金）

如果客戶名單還是青黃不接，這時便可以嘗試對陌生人做各種陌生開發，包括：掃街、電話、問卷、DM、擺攤、說明會……，許多前輩都是靠陌生開發成為銷售王的！號稱亞洲股神、台股教父的胡立陽說，他在美國奮鬥初期人生地不熟，只好強迫自己一天打500通黃頁電話尋找客戶，奠定了異國事業基礎；國泰人壽行銷總監陳秀苗，個人業績全台灣第一名，年收入超越一千萬元，客戶人數近九百位，其中一半以上是從捷運站陌生開發來的；現在「電話行銷」還是保險、銀行、借貸……的主要通路之一，可見陌生開發威力至今不衰！

陌生開發的機率成分確實較大，好似在逢人就探問：「您有需要嗎？」如果一千人中只有一人有需求（不一定會購買），挫折感會很重，但如果一天問五百人，一個月也有十五位可以面談了（但他們都是有需求的，成交率相對也較高），因此，陌生開發成敗關鍵在「紀律」，能貫徹完成每天的拜訪量、至少說完拜訪開頭語，機率一樣變金玉！

雖然陌生開發「勝在紀律」，但還是有技巧來提升開發率，譬如：師出有名、話術設計、贈品搭配等，可參考第十篇。

四、協力者（佈樁腳）

當逐步有了成交客戶，千萬不要就「移情別戀」去尋找新客戶，眾人常說：「成交前一日看三回，成交後三年看不到一回。」試想，這樣他怎麼介紹準客戶給您？所以要持續深耕這些老客戶，因為 80% 的新客戶是 20% 舊客戶介紹產生的（「80-20 定律」），為什麼要捨近求遠？每一次回訪或服務，其實也都是在探詢新名單（要勇於主動要求），您一個人找新客戶，不如一百個老客戶幫您找新客戶！

此外，在這些既有客戶當中，您會發現有人特別熱心或人脈廣闊，這時就要特別加以深根，培養成「協力者」（或稱「影響力中心」），佈的樁越多，這面銷售網就拉得越開、張得越穩！

五、約訪理由和技巧

約訪就是約客戶讓我們去拜訪他，一開始約訪客戶如果有一個理由會覺得比較容易搭上話題，譬如：告知新資訊、送 OO 資料、邀約

參加免費活動、特殊節日贈品……等，客戶大多會婉拒的說不用了，您可以用下列方式破解：

1. 讚美

連大人物都需要別人讚美肯定了，何況一般人？「聽大哥說話很有內涵，非常期待能當面向您學習。」「大姐是有成就的人，我初出茅廬心中有些疑惑，很希望有人可以指點我寶貴經驗。」

2. 請求支持

如果對方還在猶豫，就可以請對方以尊者的身分成全我們。「我每天都必須完成一定的訪量，請大哥能照顧。」「大哥這麼豪爽（大姐這麼親切），讓人如沐春風，一定也會很樂意提攜新人。」但這時千萬不能表現出苦情、哀求的樣子，因為我們有禮貌，但還是專業的顧問，不卑不亢。

3. 不會造成騷擾

客戶會拒絕約訪大多是因為害怕被騷擾，所以這時可以再補上一句：「我不會打擾您的時間和工作，大概五分鐘，希望大哥（姐）給我這個難得的機會。」（不要用「好嗎？」）

4. 解決猶豫

如果對方陷入猶豫不要等他口開口拒絕，但也不能太急迫，以免造

成對方覺得被強迫，所以中間可以有兩三秒緩衝，接著可以說：「三天後 21 日禮拜四下午我剛好會到那邊活動，很高興可以順路去拜訪您。」（一樣不要用「好嗎？」）

為什麼是三天？因為太快了客戶會有壓迫感，拖太久情緒又冷了，所以三天剛好。要記得說禮拜幾，因為一般人可能忘了日期，卻會記得星期幾，終究一個月有 30 天，一周卻只有七天，所以記星期幾比較容易。不要用「好嗎？」而是表現出熱情的期待，這是「假設成交法」，下一講會有詳細介紹。

5. 化纏為訪

如前所言，客戶會拒絕約訪大多是因為害怕被騷擾，所以真正拜訪的時候不要因為機會難得就疲勞轟炸，讓客戶一次就被嚇到。一個「熟成原理」是這樣的，同樣拜訪 10 個小時，拜訪五次每次兩小時，效率絕對遠低於拜訪十次每次一小時，因為訪談時間越長客戶吸收度越差、心情也會越煩、更會干擾到客戶的事務；相對的，拜訪時間剛好，客戶吸收度好，意猶未盡，而且訪談次數多，感情越濃密。

所以要視實際情況知所進退，並在拜訪中機伶的找到下次拜訪的理由，最好當場就預約：「大哥剛剛有提到奢侈稅跟房地產買賣的關係，我公司剛好有資料（當然是要自己事後趕緊去找），那後天我路過時順便拿過來，……，沒關係，東西帶到我就走了。」

新時代的做法

隨著時代的演進，尤其是社區與社群概念的形成與成熟，我們可以開發現實世界的社群客戶，也可以開發網路世界的社群客戶，本書先探討前者，這個做法強調兩個重點，一是快速「讓陌生變緣故」，二是「社群化經營」，包括：生活圈裡的「隨緣開發」、群體經營的「社團開發」、強調社交與互惠功能的「人際社群經營」、強調更新銷售模式的「創意銷售」和「聚眾銷售」，最後要「選擇目標客戶」，這在第五篇會做詳細說明。

結論：做作業，決定未來

　　做業務不能只是看，動手做才是關鍵，如果您能完成下列作業，那便突破第一道關卡，往第二關邁進，否則仍將只是繼續留在原地打轉，直到能量耗盡！

1. 請列出九宮格中的 130 個 A 級名單。
2. 請列出九宮格中的 130 個 B 級名單。
3. 打電話給以上名單拜訪他們，跟他們請安，不要推銷，只是告訴他們我現今在做 OO 銷售，請他們支持或介紹客戶，也請問他們的 mail 或社群，以便日後從電子書信開始做起。
4. 找出您所有的通訊資料。

　　請容再提醒一次，這只是第一步，而且沒有推銷只是請安，壓力應該不會很大，但如果沒踏出，那將來成功機會很渺茫！

提升成功率～金三角到 KASH

拜訪後的成交率因人而異，花一樣的工夫進行相同的拜訪數，成功率高的人，自然會獲得更高的報酬（但反過來想，只要成功率不是 0，就一定會有成交，所以千萬不要半途而廢）。那要如何提高成功率呢？

要提升成功率需有一個概念：必須善用科學管理方法與工具，不要太依賴直覺與經驗，因為科學方法可以快速學習（複製與被複製）、增加效率、有效量化分析。所以確實執行目標設定、工作紀錄與績效分析，可以提升成功率。另外，做到下列要求，可以提高行動成功率。

成功「金三角」

卡內基研發的成功金三角 KAS 是許多「銷售與激勵訓練」（Sales and Motivational Training）模型的始祖，簡介如下：

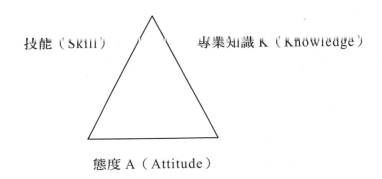

技能（Skill）　　　　專業知識 K（Knowledge）

態度 A（Attitude）

專業知識：本職學能、操作技巧與相關知識。
五大技能：溝通、領導、合作、人際、問題處理。
五大態度：自信、熱忱、鎮定（克服壓力緊張）、積極、開朗。

其中，技能 S（Skill）指的是五大技能，不是操作型的技術，相對專業知識的學問；而態度（Attitude）也有明確所指的五大態度，而非只是人生態度、工作態度這樣空泛的指稱。

但後來卡內基研究成功人士特質更發現，鐵三角原來不是一個正三角形，而是專業知識 20%，態度 80%，這個結果，竟與史丹福大學研究結果：專業知識 23.5%、態度 76.5%，幾乎接近，而「iPod 之父」法代爾（Tony Fadell）也表示，蘋果的產品設計總能讓人眼睛一亮，是因為對產品開發的態度，總能驅使員工甘願為公司盡最大努力。而在銷售業裡，這個定律更為實用！

為什麼「態度」會變成關鍵決勝因素？一個人只要態度佳，五大技能和專業知識自然也會跟著帶動起來；此外，我們是銷售員，不是學者、研究員，時間應該花在銷售、服務而非治學，譬如證營業員應該將時間花在服務客戶，而不是鑽研股票行情，那是證分析師的事，證營業員的專業知識只要消化證分析師的研究報告，提供給客戶就可以了，他並不需要去研究或創造高深的學問，所以專業知識只佔他工作量的 20%！因此，要增進銷售成功率，主要在五大態度：

有十足的自信，事前不會自行退縮、事中遇到挫折勇於迎戰、事後能立刻爬起來再戰；客戶對您有沒有信心端看您有沒有自信，沒自信的人，怎贏得別人信任？

有高度的熱忱，熱忱才能感動客戶，這些熱忱會化做各種力量，包括積極學習、馬上辦及 7-11 服務、對人充滿熱情和愛意。

鎮定（克服壓力緊張），在壓力情境中仍能展現優雅的引人魅力，發揮潛能而非表現失常，且能隨時保持身心靈的健康，讓生命在挑戰中成長而非折損。這在第九篇會詳細研討。

積極的行動，看到機會而非失敗，失敗中看到經驗而非失去，失去中得到教訓，教訓中得到成長，相信一把寶劍一定百戰沙場，而非僅供人欣賞。

個性要開朗，給大家陽光般的感受，總是主動張開懷抱、喜歡交朋友、愛笑、正面思考，沒有隔夜氣、不記著別人的過錯，一直想著明天要做什麼新鮮事，而非惦著過去做過什麼事。

五大態度的高值與平衡

您的五大態度數值高嗎？如果每項滿分各 100 分，請自行評估（或請主管評估）並分別將它們填入雷達圖中，從中即可看出自己的缺塊。您的成功指數不是五項相加除以 5，根據「木桶理論」[註1]，成功指數是最低那一個。

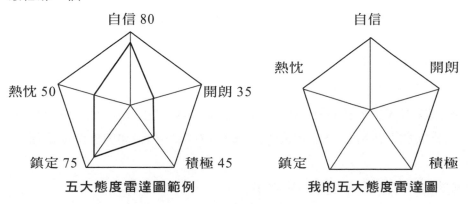

五大態度雷達圖範例　　　　　我的五大態度雷達圖

但數值要高也要平衡，這樣態度才能圓融，譬如積極度高，開朗度低，做了很多事，卻可能是危害社會的，個項獨高會有下列後遺症：

自信過高：優越幻想症，高調張揚。
熱忱過高：讓人覺得煩，易被利用。
鎮定過高：失去醒覺性和激發力。
積極過高：愛現，愛領導別人，衝過頭。
開朗過高：傻大哥（姐），昧於現實。

KASH 和 CASH

美國壽險行銷與研究協會（LIMRA）在 KAS 上又加了一個 H（習慣，Habit），成為 KASH，念法跟 CASH（現金）一樣，表示做好 KASH 等於賺進 CASH，後來許多行業都加以沿用。H（習慣）包括人生的習慣和工作的習慣：

1. 養成完整學習和貫徹結訓的習慣。
2. 養成標準工作流程的習慣。
3. 養成高服務品質流程的習慣。（見〈提升服務品質〉）
4. 養成客戶、活動管理的習慣。（見第六篇）
5. 養成成功思維與行為的習慣。（見〈養成成功工作慣性〉）

後來又有人加了動機 M（Motive），變成 M-KASH，但動機與態度類似。也有人加了情緒 E（Emotion）成為 KASH-E，但情緒與態度還是類似。

結論：以東方文化再修正

在美式文化裡，強調物競天擇、個人主義、英雄主義、財富價值、獲利是道德的，所以它的五大態度也偏向進攻性，但在東方社會裡又會重視正當性、倫理性、利他性、事業對社會是否有貢獻，而在西方世界，也逐步修正個人主義到「雙贏」甚至「共好」等注重團隊和群體層面，所以不妨稍做修正，才能獲得更圓融的結果。

註 1. 木桶理論：一個由多塊木板組成的木桶能裝多少水端視最低那塊木板的高度，因為超過這個高度的水都會流失。這告訴我們，成就高度取決於最低因素，而這正是最急需補強的部分。

提升成功率～戰力與戰術

有了成功金三角還必須有戰力和戰術才能提高成功率。戰力就是我們銷售功夫的高低，所謂「高手一出手，便知有沒有」，銷售員沒有專業知識和銷售技能，就不是要出去打獵，而是要出去被打槍。另外就是戰術運用，相同功力的人運用不同戰術，結果自然不同。

戰力：練功、實戰與檢討

為何江湖上的少林寺弟子功夫特別高？理由有三：

1. 受完三十六房訓練，並通過嚴格結訓認證，基本膽與識都俱足。
2. 在江湖上與人實戰，內化武功、活化技巧，達到知行合一、豐富經驗。
3. 隨時檢討戰敗原因，並立即提出修正方法或創新招式，然後再戰。

同樣的，業務員成功率要高也必須做到下列三件事，由低而高按部就班，缺一不可：

1. 受完公司各種訓練，並通過嚴格結訓認證，蓋滿學習護照，建立基本膽與識。
2. 在市場上與客戶、同業實戰，藉戰養功，漸成高手。
3. 與主管、夥伴檢討分享得失，發現更好的技巧與策略（見〈績效評估與輔導〉），不斷戰鬥終成一代宗師。

但許多業務員的缺失是：

1. 基礎訓練不全（推銷技巧不熟、專業知識不足）此時膽識俱缺，便下山與人廝殺，所以提前陣亡。
2. 基本膽識皆不足的情況，一定會招致挫敗，如果又遇到有經驗的客戶或同業，一定受到重傷，最後因傷痕痕累累而含恨離開。
3. 存活期間逃避工作紀錄、業績檢討，所以功力一直停滯，最後因為業績不佳、賺不到錢離開。

　　每個老鳥都曾是菜鳥，每個宗師都曾是學徒，但日後之所以能成為有高成功率的宗師，便是按著這三部曲苦練出來的，好好檢視自己的練功三部曲，有缺失馬上補上！

戰術運用

　　有超群的武功，如果更懂得戰術的運用，那就如虎添翼，不飛龍在天都很難！但我們要突破傳統和單兵的觀念，打現代科技和群體戰，才是嶄新戰術，第五篇將更明確的說明。

一、公關和資源整合

　　成功率的提升，不必然只依靠個人的能力，懂得運用或整合其它資源和關係會使任務更容易圓滿達成！譬如，請求協力者或主管陪同、善用公司的媒介和資源（如：邀請準客戶參加公司免費活動），乃至運用社會關係和資源（如：請公家、公益團體的顧問或朋友為準客戶免費提供諮商）……總之，成功的業務員都不是單打獨鬥，而是公關和社交專家，他知道外界的資源比他個人多一千萬倍，所以懂得去跟他們建立關係，並機伶的知道，何時該請出這些法寶，而這樣都能因

為有加倍的力量加持而使成交率提升。

二、科技輔銷工具

　　客戶缺乏購買和使用經驗，所以最需要別人的使用應證，或為何他需要這個需求的強烈證據，因此，業務員都會有一個資料夾（現在大多用 NB 或平板），裡面都是實際的案例（公司案例、剪報等）和有可靠來源的數據（請註明出處）。這除了能增進客戶購買驅力外，業務員在銷售時，也可以藉由展示這些資料做系統性的說明，所以這些資料還可以事先美編、排列過。此外，說明不一定是口說的，如果能找一段簡短卻撼動人心的影片、動畫來開頭或穿插，效果會更為彰顯（當然這時您就需要 NB 或平板）。可見，運用科技輔銷工具的說明過程，已經不是 Talk，而是一場有聲光效果的小型發表會，銷售的印象與效果自然更好。

三、從銅板到大鈔

　　現在經濟不景氣，消費停滯，為了帶動業績，許多商家紛紛推出較便宜的商品應戰，稱為銅板（小額）經濟學，鼓勵客戶進場，這有幾個好處，一是積少成多，二是客戶進場了，後日便可能成交更大的量。同樣的，新客戶對商品還不熟悉，或一時還不理解完全滿足的重要性，或手頭暫時拮据，也都不放放棄，可以先介紹他購買部分重要的商品（負擔相對較少），這對客戶客戶而言也是一種教育，教育他使用商品，然後再逐漸加碼，達到足額的需求。

四、話術設計

在第 18 講詳細討論。

結論：做作業，決定未來

成功有三個因素不可或缺，一是訣竅，二是苦練，三是實戰，大多數公司教育訓練都很紮實，亦即訣竅密笈都公開化，接下來的勝負關鍵便是自己的苦練與實戰，正所謂「師父帶進門，修行在個人」，所以成敗在己，而且都是可以預見的。如果您渴望成功請完成下列作業：

一、戰力通關

重新檢查您的學習護照或曾經上過課程的清單，並請主管檢驗您的吸收狀況後再補強之，確認您已通關成功，具備去拜訪客戶的基本功。當然，「作中學」很重要，基本功要在實戰中才能內化與活化，進而出神入化，所以再做第二題。

二、進入實戰

1. 打電話給前面 130 個 A 級客戶，不要推銷，只是請教他們對需求的看法。
2. 打電話給前面 130 個 B 級客戶，不要推銷，只是請教他們對需求的看法。
3. 打電話給前面的 C 級客戶，告訴他們您是如何擁有他的名單，不要推銷，只是請教他們對需求的看法。

提升成功率～話術設計

所謂「話術」便是一套經過精密設計的說話內容，使銷售員至少能照稿演出，不致詞窮結舌或胡言亂語，同時它的內容也能引發客戶興趣、打動客戶心意。

傳統話術多是直接式與商品式的，但現代話術已經強調生活式與需求式，有個笑話是這樣的，窮命理師：「先生，來算個明年運勢吧（以商品直接招攬）。」富命理師：「先生，您這顆痣總是招小人，我免費幫您點了它（以生活和需求切入）。」同樣的，雖然不同的銷售業會有不同的話術，但總是以生活與需求為原則。話術可區分為約訪、說明、客戶區隔和促成，約訪的話術可參閱〈提升拜訪數〉一文「五、約訪理由和技巧」，至於說明、客戶區隔和促成說明如下。

說明話術

說明不僅是解說商品功能、解除客戶疑慮，更在喚起客戶需求、營造美麗願景、勾起購買興致，所以可以利用下列技巧。

1. 讚美和鼓勵

除了推銷外，業務員應該用讚美和鼓勵來激勵客戶下定決心，譬如：「您穿這件衣服真有林志玲的氣質！」「您肯為孩子買這套叢書，真是好父母！您的孩子一定也是像比爾蓋茲一樣的天才！」受到讚美的鼓舞時，人的潛力就激發出來，購買力也一樣！

2. 需求說明

當業務員進行說明時，必須掌握的是針對客戶需求切入，而非商品功能切入，這個商品功能很好，可是我用不到，那不也是枉然嗎？而客戶會不會覺得有這個需求，很多時候是要業務員喚醒的！「林大哥，這個房子很大很豪華，住起來很舒適，或許您會覺得現在不用住到這麼大坪數，也不想花那麼多錢，但您可以用投資置產的角度來思考，這個地段的房子升值率很高，過去五年升值 30%，而且您有規劃要生第二小朋友，很快就會用到這些空間了，總比到時再重新找房子好吧。」

3. 拒絕處理

　　去買鞋子的時候，如果您覺得有點緊，店員會說：「再穿幾天就鬆了，這樣剛剛好。」如果您覺得有點鬆，店員會說：「襪子一穿就剛剛好。」買衣服也是一樣，如果您覺得有點緊，店員會說：「您壯碩（纖細）的曲線都顯露出來了。」如果您覺得有點鬆，店員會說：「這樣比較舒服。」其實，他們不是想騙您，誰會真的去買一件太鬆或太緊的衣服或鞋子？客戶只是進入最後的「嫌貨期」藉以拖延下決定的時間，但「嫌貨才是買貨人」，這時業務員就必須適當的給予處理。

客戶區隔話術

　　不同的族群有不同的需求特性與心理，所以一套話術並非可以適用任何人，譬如，年輕人可能希望被稱讚「很潮」，而中老年人則希望被稱讚「年輕」，因此，銷售人員必須視對象的不同「投其所好」或以「共同語言」來切入，才能產生直接命中的效率。一般而言，我們可以做客戶區隔與心理話術設計重點如下：

分類	區隔	需求特性與心理
職階	老闆	希望保全資產、風險性高、重視社會地位、奢華
	高階主管	薪資高、穩定性高、重形象、高消費
	中階主管	薪資中高等、想晉升、有家庭經濟壓力、中消費
	基層人員	薪資較低、重實際、廉價取向
工作屬性	內勤	重視安定、勞心（易爆肝）、較重品味
	外勤、藍領	工作風險高、身體勞動度高、不重品味
性別	男性	以工作為重、理性、愛面子
	女性	以家庭為重、感性、面子裡子都要
年齡	老年	購買力強但購物慾低、寂寞、常思考日後生活
	中老年	收入豐富、經濟壓力亦減少，但有成功與更年期的暴躁
	中年	購買力轉強但家庭壓力也增大、有中年危機的不安感
	青年	購買力較弱、社會經驗不足、愛玩

　　一般而言，在區隔等級的越上方（如老闆、高階主管）越消費能力高、精品取向、重外表形象、愛面子，所以業務員形象必須越良好，採「撒嬌戰術」、多讚美，多將發言權與決定權留給客戶。相反的，在區隔等級的越下方（如基層人員）越消費能力低、實用與低價取向，業務員是採「博感情」戰術，可以多分析需求和利益。不過，這是初訪時的假設，等到實際接觸後，當然還是要視實際情況來調整話術。

　　譬如，對老闆話術：「林老闆，您擁有這麼成功的事業，所以也必

須擁有健康的身體才能享受這些財富，並繼續為員工的福祉奮鬥，像郭台銘這樣統馭大軍，為國家經濟做出貢獻，所以這個 OO 健身計畫能讓您持續創造輝煌的奇蹟！」

對基層人員話術：「林大哥，您的事業剛起步，還有房貸要繳、兒女要撫養，您現在最重的是什麼？便是健康的身體，如果棟樑倒了，屋宅也一定垮了！所以這個經濟型的 OO 健身計畫不只是為您，也是為您全家設計的保障！」

成交話術

縱使客戶已經確認他的需求，而且也很想購買，可是他還是會有遲疑的現象，這是正常的，因為人在面臨決策的時候，總是不會那麼果決，想再深思一下，這樣就變成猶豫了，所以業務員可以運用下列的方式來處理：

1. 假設成交法、二擇一法

客戶這時處在猶豫階段，所以業務員應該掌控主導權，譬如，門市店員的 SOP 是這樣的：「您穿這件衣服真有林志玲的氣質！」（順手包起來）「您要用現金或刷卡？」（親切微笑地把包好的物品遞給客戶）。

店員沒有詢問：「可以包起來嗎？」因為客戶回答的機率九成會是：「我再看一下。」所以直接包起來，這就是「假設成交法」，亦即，不詢問可否，而是直接假設客戶要的情況下進行動作。

另外，店員沒有等待客戶掏出錢包，而是說：「您要用現金或刷卡？」這就是「二擇一法」，不要讓客戶做「是非題」、「問答題」或「申論題」（這是在討論需求階段的說話方式）而是讓他做「二擇一的選擇題」。

假設成交法和二擇一法很多小男生就用得出神入化了，譬如：「小美，我好不容易排隊買了兩張周末晚上的戲票，我們五點吃完飯後再過去，妳要吃牛派或義大利麵？」「天氣好冷，我已經煮水幫妳泡燕麥片，妳要杏仁口味的，還是草莓？」您看，多窩心！

同樣的，假設成交法和二擇一法廣泛運用於各種約訪、說明、成交說話中。如：「林經理，很高興您跟我聊了十分鐘，我很想目睹您的風采，順便送最新年曆給您，明天下午五點或七點方便？……喔，不麻煩，我真的很期待您的指教，那五點囉！」

2. 鑑賞期

客戶下定決心時之所以會猶豫，是怕做錯決定，但如果因而一直拖延，最後只會使自己與時機擦身而過！如果至此客戶仍舉棋不定，就可以告訴他：「《消保法》有拜訪推銷七天的鑑賞期規定，期間內如果您不滿意，我們都需要無條件全額退費，等於是免費試用，所以鑑賞一下，凡事都需要一個開頭，不要讓機會一直流逝，盡早接觸美麗人生，何況這個嘗試並不須付出任何價格！」

結論：做作業，決定未來

雖然各行各業都有不同的話術，但「萬變不離其宗」，現在您有四個功課，就是與主管、前輩、績優人員請教或研商，整理出您這個行業專屬的初訪話術、說明話術（含讚美與鼓勵、需求說明、拒絕處理）、客戶區隔話術、成交話術等（事實上，話術是要時常更新的，越來越精進，就如廣告一樣），並要熟練它，這樣就不怕與客戶「相對無語」，或「言不中的」了。

業績產生方程式～提升平均產能

同樣都是成交件，成交額度 A 是 B 的 2 倍，那麼 A 就等於成交了 B 兩件，所以如何提高成交額度（平均產能），是業績倍增（數量）、事半功倍（效率）的關鍵，而「高產能」也成為銷售經營的重點！以往多是以「利誘法」來增加客戶的成交量，如「滿五千送五百」、「第二件（加購）折價 OO」、「套裝更便宜」…..，這其實都是「削價促銷」的變相方式，這有兩個缺點，客戶可能因為刺激而多買了他並不需要的額度，賣方的獲利率其實也是下降的，所以銷售天使要思考更正向的方法。

一、完全滿足客戶需求

客戶購買商品後，真的有完全滿足需求嗎？如果沒有，那填補缺口才是提升產能最恰當的方法。譬如，客戶每個月打算撥五千元出來做理財當成未來準備金，因為他認為那是他手頭最能應付的（這也是大部分客戶的思考點）。但這個理由恰當嗎？真的有滿足需求嗎？我們便可以從退休金、小孩教育金來計算，當然要扣除社會保險給付，並加上通貨膨脹等因素。結果發現，要一萬元才足夠滿足他的需求，這時客戶會面有難色：「錢不夠耶？」但如果每個月沒有一萬元的投入，未來基金就會出問題，跟我們的公勞保一樣會面臨崩壞！您要當鴕鳥逃避問題，還是勇敢面對問題，並重新調整開源、節流的方式？譬如：買那些消費品重要，還是儲備未來基金重要？年輕多努力一點重要，還是玩樂重要？如果能讓客戶滿足需求，同時調整客戶生活態度和方式，都是功德！

二、瞄準優質準客戶

要做高產能的 Case，一個重要的起步便是：一開始就要瞄準高購

買力的客戶來經營。為何那些光鮮亮麗的銷售老手總是能夠輕鬆得獎？因為「物以類聚」，他們形象夠、專業夠、交往夠，本身身分也夠，活躍社團、出入近貴，所以周遭朋友都是這樣的人，轉介紹的也自然都是這樣的人，難怪能一件抵菜鳥四、五件。但「青鳥」（青年業務員）也不用妄自菲薄，前面提到，形象夠、專業夠、交往夠，身分就夠，就可以交往高購買力的準客戶，這在〈選擇您的目標客戶〉一文裡會有更詳細的解說。

三、全方位服務

要提高成交量還必須思考，我們是否有幫他做到全方位的服務？「全方位」必須思考下列幾個面向：

1. 全生涯

我們或許滿足客戶現在的需求了，那未來呢？生涯中的每個階段需求都不同，從出生、成長、求學、進入社會、成家、立業、養兒育女、累積資產、升職、意外、生病、退休、養老、看護，乃至到墳墓，每個階段各有所需，我們是否幫他想齊全了？想得越齊，客戶自然會購買的更多。

2. 全家族

我們不是只有滿足客戶本人，還要滿足他的整個家族，譬如，客戶購買了，那另一半呢？子女呢？爸爸媽媽呢？手足呢？他們也都可能有這個需求，能想到的對象越廣，成交的人自然越多！

3. 全資產

我們不是只有滿足客戶本身，還要滿足他的整個資產保全，如，客戶本身有保險（理財）需求，那房子、車子、資產、貸款……呢？是不是也可用保險（信託）來保障呢？能想到的面向越廣，成交量自然越高！

4. 全生活

客戶不是只待在家裡，他要上班、出差、出國、旅遊、社交、娛樂、購物、資訊升級……，所以他有交通、飾服、飲食、送禮、進修……等問題，每個因素都會生出需求。

5. 協力廠商

以上四個因素都可能讓客戶對我們的商品需求變得更多或更急迫，所以會提升成交量，但如果我們的商品不能為他做全方位規劃，那我們是否也關懷到他的全方為需求，並且與協力廠商合作來共同滿足他了？因為這樣除了客戶會得到全方位滿足外，相同的，我們的協力廠商也會基互惠的思考與我們共同合作，交流客源。

四、開高話術

客戶往往會因為希望手頭優渥一點，不要那麼拮据，所以會降低自己的需求，因此業務員一開始便不能建議太低的成交量，而應該確實開到滿足的額度，開高客戶會拉低，如果一開始就開低，不但拉不上去，還會被壓得更低，這樣客戶就不能充分滿足他的需求。業務員應該問客戶：「您的身價值多少？要充分保值，不要讓自己貶值！」

結論：流淚播種，歡笑收割

銷售原本就有機率的問題，但只要活動得越多，收穫就會越多，所以要貫徹紀律做完活動量，甚至超出既定的活動量，很多人失敗的原因便是：前面失敗了幾次下來便心灰意冷，認為再堅持下去也沒也用，就放棄了，所以永遠釣不到魚！除了勤，銷售的機率也可以透過練習和技巧來提升，屆時釣到魚的機會便會越來多！到最後，當池塘放滿了魚，祂們就會不斷生出小魚來（轉介紹），這時就坐享其成了！所以銷售業就是不斷釣魚、養魚、生魚，前面辛苦後面笑，熬過前面流淚期，後面就每天笑呵呵，加油！

| 第 20 講
滿足客戶需求

　　e 世代，如果還用死纏爛打、連哄帶騙，甚至不實推銷等行為，客戶對拜訪銷售不但有鑑賞期的保護令，還有消保官可申訴，但我們是銷售幸福的天使，原本即不必思考負面因素，而應該正面思考：如何才能真正做到銷售幸福到全世界？這時，應該做到接下來三講要討論的三個基本功：滿足客戶需求、提升服務品質、加強附加價值。

　　先來談滿足客戶需求。人類的一切活動都是為了滿足需求，如果我們不能販售一個可以滿足需求的商品給客戶，便無法販售幸福。但「需求」有很多層次，客戶可能只著眼於滿足眼前可見、可感受的需求，卻忽略深層卻重要的需求，譬如，很多人會排隊搶購新型的手機滿足休閒需求，卻嚴重忽略健康或家庭才是生命與財富的根本，以致負債消費只為了滿足感官或虛榮的需求，卻留下嚴重後果。連蘋果執行長賈伯斯都說：「客人並非永遠都是對的，大部分的人總是不懂他們要的是什麼。」

　　因此，克盡職責的銷售天使並非只投客戶所好，專賣蜜糖，而是必須費盡心思確實讓客戶釐清他真正的需求是甚麼？這樣對他才是幸福的。有了這樣的正確認知，那麼在銷售過程中遇到了拒絕、難堪，也會有支撐您愈挫愈勇的力量，因為您是真的在為客戶著想，智者無惑，仁者無憂，勇者無懼！

　　當客戶購買了真正符合需求的商品後，他是滿足愉悅的，所以這個契約與後續、您們之間的友情、他的轉介紹，便會相當紮實，而這也是銷售事業能紮穩的最大原因。我們可以透過下列三個步驟逐步滿足客戶需求。

一、釐清需求

和客戶重新釐清生活（或生命階段）目的為何？如此他才能認清真正的需求為何？在這過程中，業務員可以藉由生命願景的營造激發他的想像和力量，加深他對達成目的的渴望。

二、刺激需求

　　我可以協助您做甚麼好達成這個目的（利誘）？如果不做會有甚麼後果（威脅）？透過威脅利誘加強他確認透過這項商品或服務可以協助他完成生活目的的認知。在這個過程中，您可以感性一點，譬如說故事、渲染感情，好放大他的情緒感受。

三、分析需求

　　因應個人不同條件進行個別化的需求分析，進而規劃客制化的商品設計。在這個過程中，您必須理性，並運用客觀且可靠的數據、資料（出處為有公信力的單位或媒體），確實和客戶討論他的所求，直到他了解並滿意為止。

●滿足客戶需求範例：健康食品

釐清需求	**生活（生命階段）目的：**為家人建造一個堅固又富足的堡壘，但需先擁有一個可以打拼的健康身體。 **願景營造：**父母康安、妻子漂亮、兒女頭好壯壯、自己容光煥發。
刺激需求 （應感性）	**利誘：**保養好身體，辛苦一輩子，看子女成家立業，全家和樂融融，自己無病無痛行善布施，心中都是

刺激需求 （應感性）	喜樂！ **威脅**：國人主要死因發生時鐘逐年縮短，民國 100 年每 　　　　3 分 27 秒就奪走 1 命，比 99 年快 11 秒，如果身 　　　　體半途折損，美夢破滅，還成為家人的負擔！
分析需求 （應理性）	**客戶條件**：工作慣性超時，有家族肝病史，缺乏運動。 **需求分析**：保肝，補充維他命群。 **商品設計**：ＯＯＯ、ＯＯＯ

四、各行業需求滿足範例

不同的行業，滿足客戶不同的需求，您必須找出您從事行業的需求功能
何在，這樣才能以滿足客戶需求達到成交。這裡要強調的是，不管商品
為何，最終的功能需求都不會是商品，而是回歸人、感情與希望的濃郁
氛圍！譬如屋宅、保險、投資、食品、健康、主婦等行業的需求是家與
家人的安全與幸福；通訊、流行、服飾、奢華品，強調的是個性、人際
關係、族群的特質；年輕人用品強調青春、快樂、陽光、友情；老年人
用品強調養生、慈祥、經驗的傳承、生命的延續……，能掌握到「人」
的特質氛圍，才能打動客戶創造需求。

房屋家具裝潢業

利誘　有土斯有財、有恆產者有恆心，屋宅——家，才是置產、投資的
第一件商品，它是人生最大的根據地與堡壘。

威脅　如果沒有一個家，縱使擁有全世界也是失敗。沒有一個安定的家，
人的心永遠不會安定，因而難以成家立業。

服飾美容保養業

利誘 修飾外表不是虛榮，它是形象，雖然什麼形象的人做到什麼職位是一個定律，但更重要的是，好的形象讓愛你的人更愛你，所以也是你在愛他！

威脅 不要因為年紀逐漸變大就不在意修飾自己，讓自己變成黃臉婆或大肚男，讓你的成熟在形象中更顯韻味，才是維護家庭和社經地位的訣竅！

高級車業

利誘 高級車的作用不再炫富，而是能保持行車安全，讓家人安心，當然它也有物以類聚的功能，成功吸引成功。

威脅 余天曾在高速公路因為趕時間而翻車，車滾了三圈他卻沒有受傷，因為他開賓士，忙碌的您也常趕時間嗎？

健康有機健身業

利誘 珍貴人生不在擁有多少財富，而在擁有健康，能大聲笑、到處趴趴走、享受自由，所以省錢重要還是健康重要。

威脅 如果生病或往生了，縱使有一百億資產不但等於零，還是負數！因為這時會給自身和家人帶來痛苦和拖累。

財管保險信託業

利誘 生財之道除了開源節流，更要懂得讓錢滾錢，這樣將來才能讓子女受良好教育、讓家人過好生活，老來含飴弄孫，享受天倫之樂。

威脅 通貨膨脹永遠大於銀行利息，不理財等於放著讓錢貶值，加上社會保險可能破產，屆時便幼無所養、老無所終，只能拖累家人小孩嗎？

文教事業

利誘　教育在培養孩子知識與品格，方法在啟發興趣、快樂學習，讓孩子因為喜愛而自動學習並養成習慣。

威脅　幼時沒好好學習，錯過學習黃金期，以後就很難補回來，最主要是沒養成對的學習習性，看到書就排斥

結論：做作業，決定未來

　　練習一下，尋找一位準客戶，以他為假想對象，依您的商品或服務，要如何透過釐清、刺激、分析三個步驟滿足客戶需求？

●我的滿足客戶需求練習

釐清需求	生活（生命階段）目的： 願景營造：
刺激需求 （應感性）	利誘： 威脅：
分析需求 （應理性）	客戶條件： 需求分析： 商品設計：

提升服務品質

Kotler 和 Keller 在合著的 "Marketing Management" 一書中報導下列的研究結果：

1. 開發新客戶所花費的成本為留住原有客戶的五倍。
2. 一般公司每年約會流失 10% 的既有客戶。
3. 客戶流失率若減少 5%，將影響利潤 25% ～ 75%。
4. 隨著客戶保留越久，公司獲利就越高。

這說明，留住原客戶才是經銷致勝之道，而其中關鍵又在「服務品質」，這有兩個要義：應該做甚麼有效用的服務項目？如何讓服務行為有高滿意度？個人銷售的道理也是完全一樣的，如果銷售事業要走得長久，便要保全大部分的舊客戶，他們會介紹 80% 的新客戶，這才是最有效卻又成本最低的經營之道！

專業服務三要素

那我們要做哪些專業服務項目？如何著手才能有高滿意度？不妨從下列三個面向做起：

一、專業
1. 即時：客戶的問題能立即給予回覆，您可以說「請稍後，我查一下。」但不能說：「我瞭解後再回覆您。」否則專業就受質疑了。
2. 明確：聽清楚客戶的問題，給客戶一個「答正所問」的答案，而非「答非所問」，譬如客戶想詢價，您卻一直強調功能最重要，價格不是問題，這樣反而讓客戶覺得價格一定很昂貴。
3. 正確：清楚商品及契約的內容，對客戶的疑問不會含糊或說錯。

對業務流程熟悉，力求一次 OK，不要反復補件（業務品質的良率）。

4. 實體：盡可能展現實體物讓客戶眼見為憑、得到確實的反應回饋，如：型錄、樣本，或客戶需要的表格、商品……等，避免「空口說白話」。

5. 人物：盡可能親自幫他解說，或者確認已經有人服務他，而不是請他自行上網辦理。

二、流程

1. 即時：客戶的反應收到後要立即回應：「我下午親自過去瞭解，請放心。」不可拖拖拉拉，「我有空就過去幫您處理……，什麼時候喔？我會再通知您。」

2. 明確：給客戶一個直接的答案，而非繞一個圈的答案，否則客戶的問題就沒有解決，如：「您可以上我們的網路去查詢。」

3. 正確：您應該先確認過，這是標準答案，而非錯誤或不完整的答案，否則問題沒解決，又製造了另一個問題。

4. 實體：盡可能給客戶一個詳細的書面資料（如需備妥的文件），MEMO、簡訊、郵電都可以，而非口頭說明，不然客戶可能記不起來，也不要「我說，您寫下來。」這是服務嗎？

5. 人物：盡可能親自到府為他辦理。

三、人員

1. 主動：主動發現客戶所需的服務，如客戶經濟、家庭狀況的改變，或發生甚麼狀況。

2. 誠信：百分百做到自己的承諾。

3. 認錯：不要強詞奪理，適時承認自己的錯誤，並承諾立即補救改

善。

4. 關懷：主動詢問事後的結果，以及是否滿意。

5. 定期：定期主動回訪客戶，詢問需要服務的地方。

6. 禮儀：不要因為自己懂得比客戶多，就以專家自視，您是以專業服務別人。

7. 創新：他們需要怎樣的服務，是目前別人沒有的，或是我能更快速滿足他們的？

窩心小服務

除了專業的服務外，窩心的小服務也是致勝關鍵，譬如，一位女生可能捨棄一位高收入的紳士，去選擇一位窮小子，原因是窮小子愛她，為什麼她認為窮小子愛她？因為他貼心！其實紳士並非不愛那位女生，只是沒表現出貼心的動作而已，可見貼心動作何等重要！同樣的，我們幫客戶做很好的專業服務，卻被他認為那是「職業」的，本來就該做的，那就有點冤枉了，因此我們一定還要再做窩小服務，讓客戶整個心情溫暖起來、浪漫起來。

一、親切笑容和關懷

免費的窩心小服務無非就是親切的笑容和關懷。相信大家都抱怨過：「那個服務員臉為什麼臭，好像欠他幾百萬，整個心情都被他弄糟了！」然後說不定還藉故挑剔一下他的麻煩。美國迪士尼樂園就有一條員工規定：「如果不能保持笑容，請自動退到後台。」所以，業務員縱使服務動作都做到了，但就是臉臭、態度冷漠、口氣差，那也等於甚麼都沒做，而且還多了一條客訴！一位很受歡迎的業務員告訴

我：「我發現，不管家裡和公司發生甚麼事，心情多麼糟，但一到客戶家門口，我的嘴角立刻自動往上仰，露出開心的笑容！」真不愧是業務高手！開朗的笑容讓想拒絕、責備您的人，下手都變輕了；原本心情不好的客戶，見到您快樂的笑容，心中的陰霾都一掃而光，叫人不疼您都難。

親切的關懷也是窩心的服務，「天冷了，林大哥要多加件衣服！」「王大姊，那我先離開了，待會兒您開車也要小心喔！」「上次王總您說有退化性關節炎，我剛好看到一篇自療的資料，所以特別剪下來！」「感謝您老遠跑過來，我已經點好您喜歡的拿鐵咖啡了。」

二、有「禮」走遍天下

送禮也是窩心「小」服務的一項，既然是「小」服務自然就是不要花大錢，否則成本過高，落得花錢交朋友，彼此都缺乏誠意，所謂「禮輕人意重」，送禮送到對方心坎才是君子之交。譬如，我排了兩個小時的隊伍才買到世界冠軍的荔枝玫瑰及酒釀桂圓麵包，然後迫不及待的跑去您分享，那份心意不是也盛情感人嗎？下列送禮時機，最能表現心意，既然時機對，便創造以小博大的槓桿效果。

1.特殊節日

紀念日（生日、結婚紀念日、小孩生日）的祝福、節日（春節、端午、中秋、尾牙；母親節、父親節、祖父母節、職業紀念日；情人節、聖誕節）的道賀、對方有喜慶（結婚、升職、添丁、喬遷）的恭喜，當然是免不了的，平日見到實用、新穎的拍賣商品便可以囤積一點，這樣

往往可以用低廉的價格買到適合的商品。

2. 生活小驚奇

送禮的藝術在生活中不經意的小驚奇，譬如對未婚的女性送上一枝玫瑰花、情人節送單身者巧克力、對渴望生子的女性送上生子御守、送給某人他偶像的照片、喜歡 Kitty 的人收到 Kitty 商品……都能讓對方覺得 surprise，因而喜歡。

3. 切合需求

如果對方有需求，小禮品也能創造大效益，譬如，幫懷孕媽媽下載錄製一片胎教音樂、為考生送上文昌護身符或應試資料、替有信仰的朋友弄一個護貝聖照放在包包裡、對經常外出的人送上「永保安康」鑰匙圈、對做生意的客戶送上一隻招財貓.....，都會因為對方有需求而加以留用。

4. 表示感恩

表示感恩最能讓對方感到「足感心」，譬如公司旅遊時購買的禮物、自家出產的東西、家鄉名產、自己的手工藝品、好不容易排隊（網購）買到的物品、新奇的玩意兒……，都能以感激的名義贈送給對方，讓對方溫暖在心頭。

結論：蹲下來，才偉大

有一句名言說：「現在每個行業都是服務業。」真是一針見血，耶穌為他的門徒洗腳，官員洗廁所來表現公僕的服務態度，這都在在顯示，蹲下來為人服務並非卑賤，而是去傲慢，是偉大，所謂「非以役人，乃役於人。」服務要出自真心的為人所用，如此才能創造賓主盡歡的雙贏結局，同時也是對自己德行的修練，在〈銷售第一法寶〉裡，還會更具體的說明。

加強附加價值

　　除了本業上的專業服務價值，銷售員更需要業外的附加價值，這除了可增多服務的面向外，也是聊天（接觸）的話題。譬如，您先前是一位美容師，可以提供很多美容諮商，甚至幫客戶化妝，客戶自然對您刮目相看，甚至因為這項服務而親如姊妹。又如，華人大多相信，面相可以判斷人的個性、運勢，還可以據以判斷人的壽命、健康狀況，甚至可以改運，用這個當話題可以切入多少商品？那要如何加強附加價值？

一、發揚本身所學

　　大學沒有「推銷系」，所以每個人都是跨領域進來的，發揮您學校所學就變成最強的附加價值，譬如：我對電腦很內行，現代人多會使用組裝設定好的電腦，卻是系統白癡，這時您應該彰顯自己的特長，建立自己的可被利用價值，為客戶提供電腦升級或使用的服務。

二、結合興趣

　　人能樂此不疲，往往是因為興趣，所以結合興趣發展附加價值，是最快樂的，譬如：現在人對美姿、塔羅牌、旅遊……都很有興趣，如果我在這方面有興趣便可以培養成特殊專長，除了自我滿足，還能幫客戶化妝、算命、規劃行程……，自能跟人快速建立密切的情誼。

三、變成第二專長

　　附加價值應該變成一項被認證的專長，乃至是可執業的第二專長，現在很多技能都有政府技術士或認證機構認證，或者取得修業及格證

明，這樣才有說服力。最近很多人去考導遊執照，並非要以此為業，而是本身對旅遊有興趣，如有了導遊執照，您說的話和服務正確度，不是權威多了嗎？

結論：向下紮根，往上結果

大樓要蓋的高，地基要挖得深；事業要做的大，基本功要扎得穩。武術高手、運動國手集訓時在做甚麼？大部分的時間在練基本動作！同樣的，如果想要在銷售事業上成為天后級的人物，不是學一些花俏的動作，而是用幾年時間紮紮實實的練好基本功，這樣行走江湖，不管遇到甚麼險惡，都能見招拆招迎刃而解！

第五篇
銷售「新法」

自古以來就有銷售業
但隨著時代與科技的進步
銷售觀念與方法也一再更新
誰有創意、能迅速化陌生為緣故
能社團、聚眾經營
誰便能成為 TOP 1

隨緣開發

　　「客源」是業務的命脈，沒有源源不絕的新準客戶，便沒有永續經營的業務生命，客戶的來源有：緣故、轉介紹、參加社團、職域開發、社團開發、電話開發、掃街……。但還有一個更重要的來源卻經常被忽略：隨緣開發，抓住每個擦身而過的準客戶。

相逢卻未曾相識：生活區隨緣

　　我們每天從一早出門，便會遇到許多經常見面的人：守衛、社區的工作人員、早餐店老闆、超商店員、向他消費的老闆……；送孩子去學校（補習班）時會碰到愛心媽媽、同學的家長、教職員……；在職場，會遇到經常來訪的客戶、送貨員、快遞先生、送下午茶的小妹……。晚上我們可能去學瑜珈、彩妝、外語，參加社團活動、各種類型的聚會……。

　　在我們的生活圈裡，到處都是我們經常見面卻沒跟他打過招呼，因而擦肩而過的準客戶——隨緣對象，如果您試著用一周的時間去把這些人一一登記起來，會赫然發現這數目已經遠遠超過您所認識的所有緣故數了，但是我們卻都讓這些「相見不相識」、「知道但不認識」的「準緣故」像空氣一樣的從身邊飄過未曾理會，反而花很多時間去做難度更高的其他客戶開發與培養。

　　以上是生活中經常照面卻沒有互動的「生活圈隨緣對象」，把他們一一列出來並加入新名單，就是現在！

相逢何必曾相識：偶遇隨緣

除了生活圈隨緣對象，還有一種因為緣分而偶遇的對象，尤其業務員，工作便是在外拜訪客戶，會遇到的人更多了，譬如小莉辦公室的同仁、老王店裡來訪的客戶、跟楊姐一起喝下午茶的姊妹淘、咪咪晚上有個聚會邀我要不要一起去……，這些都是我們的「偶遇隨緣對象」。

又如，我要去拜訪林老闆，跟門口守衛問候一聲，守衛便是我的隨緣；林老闆的秘書小花跟我說他不在，此時小花便是我的隨緣；上了電梯，林老闆的會計美美跟我點頭寒暄，美美便是我的隨緣。

又如我去參加一場投資說明會（股東會、演講會……），一群互不相識的「套房客」圍在一起義憤填膺的討論美國國債被降評等，我也是其中群聚的一員，這時他們都是我的隨緣。出了會場一位派DM的工讀生在大熱天裡遞了一張宣傳單給我，精神實在可嘉，我跟他詢問了相關的狀況，給了他一張名片，他便是我增員的隨緣……

「偶遇隨緣」跟「陌生開發」不一樣的地方便是，它並非隨機的搭訕或接觸，而是有一個短暫的共同機緣當橋樑，端視您有無當下把握與繼續發展。

每個緣故都是從陌生開始

不管是生活圈中的隨緣或偶遇的隨緣，我們都不可能馬上拿起DM就去跟他說：「我現在就要向您進行推銷！」那肯定只會換來一陣白眼或掃把頭。但記住，每個緣故都是從陌生開始（沒有人一出生就是相互認識的），所以從現在開始，您必須「積極主動」跟每個人

點頭問候（早安，守衛先生，真是辛苦您了！）、寒暄讚美（美而美小姐，您的早餐跟您的人一樣甜美！）、尋找話題（老闆，請問要如何判斷一條魚新不新鮮）、提供服務（我們公司要訂餐點，我幫您推薦一下）……。

對於偶遇的隨緣也是一樣，「積極主動」請教他的專業（聽小美說您是建設公司特助，政府打房到底會不會使房價降低啊？）、與他討論（這麼大熱天您還在派報，真辛苦，現在派報一個小時多小錢？）、跟他閒聊（這個最新流行的 Hello Kitty 少女髮夾，真可愛，賣得好不好？），最後還是提供服務（剛剛有人在發折價券，我多拿了一張）……

這是一個真實故事。阿雄是我大學同學，畢業後從事靈骨塔業務，在一個月黑風高的晚上，他去 ATM 提錢。這時一位長髮少女在 ATM 前搞了半天，阿雄基於業務員的 DNA 於是主動上前詢問她需要幫忙嗎？長髮少女說，卡片已經被機器退出來了兩次，阿雄自告奮勇說要幫她試試，於是便把卡片擦進去，接著輸入密碼，結果－－卡片被機器吃了進去！少女尖叫一聲直喊：「怎麼辦？我沒錢坐車回去！」阿雄滿臉愧疚，便拿出一千元先借給那位少女，並約定明天中午一起到銀行櫃檯把卡片領回來。由於阿雄的熱心服務且勇於負責，所以少女心有好感，加上阿雄又採取積極後續動作，後來阿雄雖然沒有賣靈骨塔給少女，卻簽了一張更大的契約——結婚證書，還生出了兩個下線。

結論：做作業，決定未來

人與人無非都是從隨緣到結緣！每天有多少人與我們日復一日四目交會後擦身而過，卻彼此不曾相互聞問？每天有多少人跟我們曾經短暫

互動，可是結果還是船過水無痕，從此人海兩茫茫？一位業務員最需要的特質便是主動、積極、熱情的去認識、關心、服務每個有緣相遇的人，每個隨緣都是一顆種子，不必急於收割，但必須勤於大面積播種、用心細細培養，機緣成熟時，便成佳緣了！接著，請完成下作業：

1.用一周的時間紀錄您遇到的每一個生活圈隨緣（記得，是每一個，不要自以為不可能成交就將他跳過，這不是敦親睦鄰應有的行為），並跟他點頭問候，說您是OO社區（公司、社團……）的OOO，請問他貴姓，如果方便跟他交換名片，但不用進行推銷。

2.從此以後請記得跟「每一個」偶遇隨緣點頭問候，說您是OO（公司、社團……）的OOO，但不用進行推銷，如果方便跟他交換名片，一天至少獲得10個對象名單。

3.將上列名單記錄起來。

4 幾天後跟隨緣對象提供相關新資訊或告知活動訊息。恭喜您，又有源源不絕的新名單進來了。

社團開發

有「保險業歐巴馬」之稱的所羅門‧希克斯（Solomon Hicks），他是位黑人，在種族歧視的年代，連續 12 次拿下 MDRT 的「頂尖會員」（史上黑人只有兩位），7 次蟬連保德信保險公司年度業績第一名（至今仍是紀錄保持人），目前還持續保持年度佣金收入破一億新台幣。他的成功秘訣便是透過主教介紹到各教會做「社團開發」。

傳統的壽險經營模式

傳統走動式隨機開發的作法當然有其效用，不然也不會產生那麼多優秀的業務員，不過我們也因而看到業務員最常做的事便是到處拜訪、聯絡感情、尋找新機會，但這種方式協力者之間缺乏共同屬性與集中性，比較沒有市場區隔的概念，所以壽險銷售不妨參考一下所羅門「社團開發」的方式。

在大家印象中，教會應該會很排斥有人進行推銷，但所羅門卻能據此開發出頂尖的壽險事業，原因在於他很成功的說服主教，當教友家庭發生問題時，保險能協助上帝妥善處理遺屬的生活問題，主教深表同意，所以樂意為他推薦，將保障和幸福的福音帶給每位教友。如果教會都能做社團開發，又有甚麼社團不能開發呢？

「社團開發」的好處及作法

大部分成功的生意高手、超級業務員都是社團的重要幹部，名片拿出來往往洋洋灑灑，通常我們會誤以為那是裝潢門面的頭銜而已，但事實不然，社團是他們業務開發的重要根據地，很多「優質大戶」都是從中輾轉培養衍生出來的。社團本身就是一個開放性、社會性、聯誼性、

互利性的地方，所以從中做業務開發，往往比在其它地方開發更具效益。此外，會參加社團的人，大多個性較活潑外向、相對見識較廣、對事物接受度較高，同時交際能力也較佳，所以除了本身對保險接受度較高外，對轉介新客戶也會較熱心，因此也比一般人更容易成為優質準客戶與協力者。

所以，業務員不妨選擇一個社團加入，以投入服務開始做社團深耕，社團除了本身有社員，能夠立即成為準客戶之外，更有交流的社團、廠商、活動對象……，所以極具直向與橫向的拓展效果，透過社員再介紹的對象質與量也比一般轉介紹更可觀。做社團開發有下列幾個方法：

一、結合興趣：

選擇一個跟自己興趣相符的社團加入，是最能樂此不疲的，許多人常遺憾為了工作荒廢了興趣，使人生很乏味，如果選擇自己有興趣的社團加入，便可二者兼顧，同時還能發現人生的樂趣和意義，能持之以恆的參與而樂在其中。

二、社團要大

為了有利將來的業務開發，選擇的社團越大、活動越多、交流越頻繁者越佳，在熱絡的活動中，自然可以增進與會員、相關人員的認識，很容易從陌生變緣故，或有充足的開門共同話題。

三、積極參與社務

積極參與社務，做好服務並成為重要幹部，是讓大家熟識、認同您最快速的方法，同時也易於掌握社員的資料，了解社員的個別特質，

如果表現良好，其他人員也會因而產生信任感和善意，有助於將來的業務開發。

四、彰顯身分

不要隱瞞身分，大方的讓人知道我就是銷售顧問，可以做專業的服務，並在適當的議題上提出相關的專業意見，如：活動時的旅平險、社員有勞健保、一般保險或理財規畫問題時，都可以趁機表現保險的專業與需求，吸引人的興趣與注意。

五、勇於開口

社員很多是老闆、主管或團隊領導人，他們都代表一個職團開發的單位，比個人銷售更具開發價值，所以除了可以進行社員個人銷售外，更可以說服他們讓您進入他們的職團，做更大的開發，但關鍵在於，您要勇於開口，並多次溝通說服，他人不會主動邀請您去做各種推銷活動，機會是自己創造的！

六、要求再介紹

同樣的，社員的社交圈也較為廣泛，透過他們轉介紹的品質和數量也比一般人好，同時他們也認識更多老闆、主管、領導人，再尋求職團開發的單位也會更多。

七、成立協力者團

至此，一定會發現有一些熱心的人喜歡幫助別人，這些人就是我們要特別照顧的協力者，雖然可以單獨經營，但最好把他們組織起來（「我有幾個好友今晚要聚會，我相信您一定也會跟他們成為好朋友，所以我誠摯的邀請您一起參加」），經常聚會、關懷、分享心得與好處、相互

轉介紹……，鞏固彼此的情義。

結論：從遊獵到畜牧

　　如果沒有一定規則的經營壽險事業，那經營方式便是遊獵式的、機會主義式的，管理與成效也較難控制，但社團開發則是畜牧式的，管理也較有系統性，所以何不進行社團開發並永續經營，讓自己的壽險事業不會面臨「斷炊」的危機？

人際社群經營

　　銷售業的推銷乃是透過各種關係尋找到準客戶，然後進行面對面推銷的活動，所以業務員對各種關係的經營便成為是否能開發更多準客戶的關鍵！現在企業很流行「客戶關係管理」（CRM），而業務員的「關係行銷」（Relationship Marketing）也蔚為風潮，但關係行銷除了「常到客戶那邊走動」外，有無更有效的做法？

　　傳統推銷上，很重視與保戶、準保戶、新名單的關係維護、培養和經營，比如建立完整的（準）保戶資料；生日、逢年過節、交易周年日透過電子書信、電話、親訪等方式問候祝賀；定期安排親自訪問、需求健檢的時程；此外還有建立協力者影響力中心加以深耕運作……等。這些確實都是維護客戶關係的基本方法，但隨著新時代「社群（Community）觀念」的進展，我們更可以將「人脈」提升為「人際網路」（HR Networking）再提升為「社交網路」（Social Networking），最後形成「人際社群」來經營客戶關係，產生更大的效益！

從人脈到人際社群的進展

　　我有很多客戶，我和他們有良好的互動，這只是我的「人脈」，客戶之間並沒有相互交流，所以還不是「人際網路」，譬如，我有 10 個客戶，只有 10 條人脈效應，但如果讓他們相互「雙向」交流，則有 10X10=100 條網路效應！譬如，王先生是印刷廠老闆，小美是美工，如果我介紹他們相互認識，那麼王先生可以託小美設計，小美可以託王先生印刷，這樣便有人際網路效果了。

　　可是只有人際網路，彼此欠缺資訊交換、感情聯絡、互通有無等活

動，也只是徒有人際網路，難以產生效用，所以便必須加強它的上述社交功能，這樣就會變成人際「社交網路」。在平時，我們就可以多多運用感情聯誼、主題聚會、舉辦活動、相互研討等方式，加強人際網路的社交功能，像青商會、獅子會等，便是如此。譬如，小美現在有印刷需求，因為她和王先生有社交互動，所以很大的機會她就會去找王先生幫忙，反之亦然。如果小美和王先生沒有深切的社交互動也無妨，我便可以引薦她和王先生碰面，讓兩人更進一步交往，進而有了滿足雙方需求的活動，這樣社交功能也就達成了。

如果王先生和小美兩人有了深厚情誼，並有密切的依存關係，小美的作品都交給王先生印製，王先生也給她親友優惠價，兩人建立了友誼與長期合作關係，也就是在生活或工作上互賴互惠，那就變成「社群」了。如果兩個人還不是那麼熟稔，那我便可以推波助瀾讓兩人熟識熱絡。他們是在我的促成下結識、成交，而且都很感謝我，這樣更成了「以我為中心」的社群。

當加入我社群的人越多，我的人際網路就越大，社交活動越多感情就越親密，當彼此越互相依賴，利益和價值的交流也越會在圈子裡產生（包括內閣人選的產生不也都是如此嗎？），所以要從人際關係逐漸經營成以我為中心的人際社群。

自利利他，社群會長大

社群如果能活絡的運作，在大家自利利他的原則下，還會不斷的「長大」，網路世界有一個「六人理論」（六度分隔理論）：假設每個人有 100 ～ 200 個好友，那只要透過六個人的六代拓衍就可以連結

全世界。

　　真實世界當然不會這麼理想化，但不要忽視這個細胞拓衍效應，因為一個成員背後還會有一大群潛在成員可以邀請進來，一個潛在成員進來後，他背後還會有一大群潛在成員可以邀請進來，……不斷呈幾何倍增。傳銷等事業就是利用這個原理來拓展龐大的組織，關鍵在於有無有效的社交和互惠來吸引他們。

　　社群裡的人不一定都是舊客戶，也包含準客戶和新認識的名單，甚至陌生名單，因為當我們在社群裡找不到適合的人服務時，便會請他們轉介紹，這樣就有陌生名單加入了。這些人都可能因為我們的服務（不管介紹或被介紹）最終成為跟我們成交的客戶，所以社群應該好好經營，這樣便不是您到處去尋找新名單，而是他人主動徵詢您的服務，加入您的社群，成為您的新名單。

　　切記：人脈（單向關係）→人際網路（交流人際關係）→社交網路（社交活動）→社群（依存關係）→細胞拓衍（利益互惠）＝＞共生利益增生。

經營社群的心態和方法

　　要經營以我為中心的社群就要發展交流、社交、依存、互惠的活動和關係，此時便要發揮業務員主動與熱誠的特質，客戶們各有專長與背景，透過我讓他們相互聯繫或共同聚會，之後，我還會再熱心的後續追蹤，跟催事情的進展，並提供我能做的服務，來推動這件事的完成，除了滿足雙方的需求也促使他們建立友誼與長期合作關係，他們都覺得受

到我的照應，而我也確實幫他們做了一個服務。最主要是，這些都是「出力」多、「出錢」少，成本負擔不大，效果卻不小，成功的人都是懂得運用社群資源，讓他們透過我相互滿足，而不是撒大錢做凱子，等待銀彈用盡就樹倒猢猻散。

業務員都要有點「雞婆個性」，如果一副與我利益無關便事不干己的態度，又怎能贏得人心？所謂「買賣不成仁義在」，透過社群為我的客戶相互介紹客戶，並不意味著非成交不可，猶如協力者轉介準客戶給我們時，我們也都不會認為這是非成交不可的，所以不用有太大壓力（不過當然要盡力撮合）。最主要的是，我們製造了促成相識、交流、社交、交換的機會，也表現了無限的情意，和熱忱服務的特質，透過這樣的服務，我們和客戶之間的互動機會增多、情誼從陌生變朋友，從朋友變兄弟（姊妹），我們不是只一直希望從客戶哪裡獲得好處（包括保單和轉介紹），他們同時也獲得好處，這樣彼此的關係才是對等的、互惠的。

從服務滿意度到互惠忠誠度

以往，我們總是強調售後服務，而服務項目也以專業或附加價值為單一客戶服務為主，並強調要提升客戶對我們服務的滿意度，而其目的無非是促使客戶再購買或轉介紹，但事實上客戶並沒有獲得實質利益，所以並不互惠。這個觀念已經「升級」了，升級版後更強調社群互賴的重要性，從以往我一個人服務，變成以我為中心的社群服務，除了服務範圍更廣、效用更強，客戶也會因而得到有形或無形的利益，這樣的互惠關係，才會是鞏固的。

因此，客戶對我們的服務滿意度也提升為互惠忠誠度，因為客戶雖然對我們有很高的滿意度，但還是有可能因為價格因素、人情關係、商品差異等原因而「變心」，但如果將滿意度提升為忠誠度，則客戶變心的機率便會大幅降低！而要提升客戶滿意度為忠誠度，靠的便是強大乃至無可取代的互惠服務，而這個互惠服務便是擺脫單一個人服務為浩瀚的社群服務！

結論：循序經營，建立社群，利益共生

因此，光只是寄卡片、打電話、重複拜訪等客戶關係經營是不夠的，這樣的層次還只是停留在「單線」、「表面」、「利我」的關係，但關係社群化後，則變成綿密龐大的「結構性關係」，「服務廣且深化」，而且更有「互惠性」。這時，客戶對我們的信任、滿意和承諾等「關係品質」也都會大幅增加，所以要能將所有的認識者組織起來，循序經營成社群，最後利益交流，才可以發揮最大的共生綜效！

創意銷售

　　為了在同質商品中顯得與眾不同進而吸引客戶，廠商無不費盡心思顯現與他牌不同之處，或者是外觀，或者是功能，或是操作方式的更新，甚至是開發全新品種的產品，都要求更為炫目、生動、便捷，這便是「創新」。我們銷售公司的商品，無法在既有的商品上凸顯差異，能做的便是在銷售方式上的創新，即「創意銷售」。

　　銷售不能以靜待動，也不能一成不變，譬如販賣手機，不是只要開個門市客戶就會自動上門，所以這時會搭配各種廣告和促銷活動，而促銷活動也越來越新穎，越來越講究創意，譬如：製造議題邀請記者、名人來訪的議題行銷[註1]、用表演或 Show Girl 吸引人潮等⋯⋯，隨時挖空心思推陳出新刺激銷售。同樣的，業務員進行銷售，每個人都拼滿足客戶需求、提升服務品質、加強附加價值，這當然完全正確，只是在銷售同行這麼多的情況下，每個業務員都這麼做時，您的創意銷售又該在哪裡，才能有更大的勝算？

創意銷售實例

　　一位音樂老師在多如叢林的幼兒音樂補習市場殺出重圍，班班爆滿，她沒有顯赫的學歷，打出「奧地利音樂學院研究」的資歷，她沒有正式的教師資格，打出的是「OO 教育機構執行長」的頭銜，在重視表面頭銜的年代，這似乎有些加分效果，但她成功的主要原因在她有一個很成功的創意銷售。一般的老師多不願家長在場旁聽，以免影響學生上課，而上完課後學生便鳥獸散，只有少數家長會留下來與老師討論，這時有的老師會做課後電訪，與家長聯繫關係，以維持續學率——這是傳統的模式。

但這位老師採取不同的創新方式，她每次下課後會請所有家長進教室，跟他們解釋今天上的課程，回家後要如何複習，而且還會讓學生小露一下身手，驗收今天的成果。她的做法在家長心目中建立權威、親切、用心的感受，孩子則因為能在家長面前表演而雀躍不已，因此廣受推崇，但事實上，她省下了課後電訪的時間，所以並無增加負擔，可是卻效果放大，成功的創新了銷售幼兒補教課程的方式。

另一個例子，現在失業率大增，很多人加入開小黃的行列，於是計程車競爭也越來越激烈，加上油價高漲，如果還是整天開著車繞來繞去隨機尋找因為經濟不景氣而撙節支出的乘客，恐怕就入不敷出了！但有一位計程車司機卻只要等著客戶來電叫車就年收入破百萬。他一反計程車司機給人的「運匠」刻版印象，穿上專業司機西裝服和大盤帽，車子裡撥放輕音樂、擺放雜誌、礦泉水、面紙，客人一進入，彷彿進入五星級旗艦 TAXI。客人上車後，他先禮貌性地請乘客擦臉、喝水，然後請教去處，車程中他不談政治與八卦，也不主動聊天，只是微笑（如乘客主動則親切回應）。

但創新之處在於下一步：乘客下車時，他會雙手奉上名片，請客戶如有上下班、機場接送需要，或不定時搭車都可以 Call 他。沒多久，因為形象、服務良好且特殊，深受乘客喜愛，他依賴這些固定客戶 Call 客就行程滿檔！有的客戶甚至願意提前預約、多等十分鐘，也要坐他的車。

您的創意在哪裡？

如前所言，創意銷售並非滿足客戶需求、提升服務品質、加強附加

價值，或再做一些促銷活動，這是本來就要做的基本功，猶如運匠把車擦亮弄乾淨、有禮貌，甚至附送一些小贈品就是本來應該做的，如果連這些都做不到，只能說連基本競爭力都沒有，那您的創意在哪裡？「新瓶裝舊酒，老驢變紫牛」、「創意點子 High，策略變藍海」，現在就是一個創意銷售時代！

1.「我」本身就是一個賣點

門市、網站、銷售員……多如銀河裡的星星，要如何在一望無涯的星河裡被發現是一學問，當然，口碑行銷_{註2}很重要，但，如果我本身就是一個會發光的賣點，會更容易被發現、傳播。譬如，大部分的商店形貌、內涵都是同一個模子，就是一個門市，所以為了引人注意，很多人會在人潮多的地方租店面，但也因而必須付出昂貴的房租成本。但也有人會挖空心思去設計商店特定的風格與主題（如：異國風、懷古、電玩、女僕……），讓人一經過便「哇」的讚嘆一聲然後被吸引進去，有的人則更加把整棟房子型塑化（如：裝潢成希臘城堡，甚至是熊等主題的樣子），讓人遠遠看到就被吸引，這就是「特色（主題）」商店！

同樣的，我本身是不是就是一個特色商店？企業有 CIS（企業識別系統，Corporate Identity System）我也必須讓人見過後留下深刻美好的印象，日本銷售天后暨金氏紀錄保持人柴田合子形象極其鮮明，總是維持個人張揚的特色，習慣戴一頂插有羽毛的帽子，被稱為「火雞媽媽」，見過她的人都終身難忘，一提起保險，很多人第一個想起的就是「火雞媽媽」。事實上，成功的「大眾型人物」，幾乎都有他獨特的魅力與形象，當然，這不是鼓勵在外表上「出奇制勝」（小心弄巧成拙），而是您不能讓見過您的人下次見面時想不起來您們曾經見

過面，這樣連行銷的第一步「吸引注意」都沒做到！把自己型塑一下，成為一個主題，一個賣點，除了有令人印象深刻的外型印象外（他很古典、有 fashion 感、氣質系、跟學者一樣斯文……），還有幾個小撇步：

1) 名字：「我是林金郎，因為父母希望我變成『多金的新郎』！」
2) 專長：「我有合格護理師執照，一定能為您提需要的健康諮詢。」
3) 特質：「我的收入很多盈餘都用在經營一個公益網站。」（暗示協助我等於在協助行善）

以上三個因素如夠有趣，對方會再問下去，變成一個聊天，讓對方留下深刻且有意義的印象。

2. 創造新的銷售主題

同樣的商品，在不同銷售主題策略推動下會有不同的業績。譬如，7-11推出「童年合作社」，讓王子麵熱賣20萬包，連帶的，小美冰淇淋、百吉棒棒冰……也熱銷，帶動數億業績；又如近年推出的「小丸子同樂會」12萬尊公仔賣到缺貨；「City Caf」更造成人手一杯咖啡！

所以，接觸時說：「我來跟您介紹一項商品……」與「有一個好玩的主題活動，您一定會喜歡！」後者顯然有趣、有效的多！

3. 隨時更新族群的夯流行

當然，公司可能沒有舉辦主題活動，這時銷售人員就要自己創造，這有兩個原則：一是釐清目標族群是誰？二是追隨當下流行。譬如，針

對小孩可以是「在期限內購買，公司（假托之詞）贈送《少年 PI 的奇幻漂流》戲票」，針對青少年族群可以是「送您去海洋音樂祭」，針對上班族、銀髮族可以是「入冬五星級養生套餐」……針對族群流行的主題設計得夠噱頭，小錢便能創造大價值，自己便能搞創意銷售，不過當然要隨時 Update 流行因素。

4. 掌握愛、節日、地方、議題因素發酵

您習慣用某種方式銷售，因為這個行業、前輩都用這個方式銷售，所以您跟著降價、發傳單、發贈品、送試用品（免費體驗）、買一送一（第二件五折）、電話 Call 客、做問券……，您是否可以完全擺脫這些窠臼，以全新的觀念思考其它更潮的方式？

很多學生課後到補習班課輔都是被迫的，師長（父母）面對學生的怠惰態度非常苦惱，因而關係一直很緊張，哪位班主任可以讓學生乖乖地每天準時上課，這樣他就成功了，一位班主任成功的做到了。他改變既成的課輔方式，每天上課前半小時帶學生到附近的學校打籃球，假日帶他們去從事不同的體驗活動，如騎腳踏車、大地遊戲等，他把「補習」又加上「課後生活輔導」，受到家長和學生的歡迎，沒多久就在飽和的學區招生爆滿，學生報名不進來，他沒降價、發傳單、發贈品……

藝人王彩樺於尾牙前發行《保庇》專輯，打著「台灣濱崎步」名號，帶著正夯的電音三太子上台，還舉辦「保庇舞」創意舞蹈比賽，獎金只有三萬元，結果卻讓這張專輯賣到二萬張，她個人作秀本曲進帳也至少兩百萬。同樣的，促銷可以配合愛、節日、地方、議題大大發酵，

譬如，舉辦試吃、試用或捐贈物品給活單位當獎品是家常便飯，如在母親節時於公園舉辦「媽媽樂～孩子幫媽媽按摩活動」，背景是溫馨氣氛，參加者可獲得商品組合（當場亦可販售），除了吸引人潮，更獲得好評。

5. 全面化經營概念

很多人說超商的售價比賣場貴很多，幹嘛去那兒購物？但誰說 7-11 只能是新型態的雜貨店，不能當成露天咖啡館，甚至是簡餐店？顛覆這個觀念後，7-11 現在有多少人的三餐、下午茶、消夜是在哪兒解決的？但，誰又說 7-11 只能經營飲食，不能成為生活館？所以有多少人在哪兒繳費、取物、訂票、領錢、上網⋯⋯？這便是打破以往單一、刻板觀念，朝「複合式」、「全面式」及「生活化」、「社區化」演進的創新概念，涵蓋面越廣，客戶對您的需求便越多、越依賴。同樣的，房仲業不是只能講究信義交易或幫您找到滿意的家，這樣的原始仲介功能，更可以成為社區專家、生活情報站；書店不是只能賣書，它也可以成為文化廣場、心靈洗滌所⋯⋯

現在很多業務單位會辦理說明會甚至展覽會等活動，但只限於跟商品與促銷相關，現在是不是也可以打破這樣的藩籬，以全面化（社區化）經營概念思考，幾個業務單位聯合起來舉辦一般民眾咸感「有趣或有需求」的生活或社區活動（請注意「有趣或有需求」這個原則），如：命理講座、醫師義診、了解健保、化妝美姿⋯⋯等，這並不需太多額外花費，因為您也是幫對方製造促銷機會，有些是公家機關可以免費提供講師的。舉辦的全面向活動越多，吸收的忠誠潛在客戶便越多，慢慢的，您的商品也融入他的生活中。

辦理這樣的活動不能勢單力薄，我方人手不足，邀請來的客戶也不多，這樣效果不彰，所以應該幾個志同道合的人或單位聯合起來，這樣才能「人多勢眾」。譬如，聖誕節將至，區域幾個單位聯合起來舉辦「聖誕真溫馨，跳蚤送愛心」活動，業務員都去向客戶解釋活動、募集不要的二手貨（這也是接觸客戶的一種方式），然後選定吉日，在人多的地方舉辦跳蚤市場，將所得全部捐贈給公益團體或孤兒院，末了，再將活動文宣、結果一一回報給客戶（這又是另一次接觸客戶的方式），也當成自己社區公益活動的成效。平日多注意新聞，看到人家的好點子就可以學起來改良，當成自己的創意銷售法。

6. 網路、視頻新視界

　　現代人花許多時間上網，所以懂得利用網路、視頻製造議題進而連結到銷售，自然是新世代的作法。這個主題較大，將來會再專書探討，今先提醒，您的 Slogan、文字、視頻夠吸引力嗎？如果夠爆點，大家拼命轉載或轉介紹，就形成「病毒式行銷」的傳染擴散效應，如果還是只是發布呆板的販售訊息，就是垃圾資訊了。如果商品本身不是很有特色的紫牛$_{註3}$，那應該以一個吸引人的標題和議題為楔子（帶路雞），如：視聽覺的革新（顛覆傳統的震撼）、感人的故事（如：全國電子「中秋節，阿宏回來沒？」）、一般人喜歡的事物（如：趣事、可愛的小孩、寵物等），吸引人注意、點閱後，製造情緒的起伏再連結到商品（如：可樂＝歡樂、口香糖＝叛逆青春），這樣才能產生購買意願。

　　個人銷售可能沒有太多時間花在這些文稿、影音上，利用轉載、轉連結（須注意版權、註明出處），也可以達到不錯的功效。

異業結合服務更多

　　一個商品能發揮一個主要效用，兩個商品結合起來不是發揮兩個主要效用，而是多倍效用，猶如左手加右手，不是兩隻手，而是雙手萬能，因為效用是相乘而非相加，所以會產生綜效。同樣的，如果兩個商品搭配，甚至是異業結盟，彼此帶動需求，能產生單獨銷售時的更大銷量，譬如傳統上，房地產商搭配銀行業貸款、房屋仲介搭配銀行履約、汽車搭配車險，新近的電腦搭配軟體、理財（保險）搭配信託（專業節稅規畫）、資產管理搭配資產證券化、家具搭配燈飾或窗簾做美屋整體規劃、醫檢機構或藥房搭配養身品、美容院搭配美容品……

　　異業結盟有時是直接「置入銷售」，譬如：買蔥油餅，其實已經把蛋的成本直接加入；買重大機具，也是已經把保險的成本直接加入……。但銷售天使當然是正面創意思考：尋找可合作的對象研討賣點，以更大的效用刺激消費，或刺激更大的消費，一起聯合開發市場，而且這是單位、個體戶、數人聯合，甚至個人力量就可以做到的。譬如，髮廊與美甲、彩妝結盟，其一成交也可能帶動其二交易；養生食品與健身房，互補互足；幼兒補教機構與湯姆熊歡樂世界。我是一個房仲員，認識搬家公司、家具行、室內設計師、盆栽店……，跟老闆建立良好情誼後約定幫他找客戶，但我介紹的客戶打八折，這是自己就可以做的簡易異業結盟，而他如果有 Case 當然也會介紹給我。

銷售的規模經濟與範疇經濟

　　「規模經濟」指的是，賣方的規模越大，越有競爭力。「範疇經濟」指的是，賣方能提供的服務與商品種類越多，本身的資產利用率越多，

而買方也可以一次購足，因而創造銷售量。一般都會認為，只有大企業才能做到高規格的規模經濟與範疇經濟，其實這是錯的，個人或小單位聯合起來成為聯盟，一樣可以創造這兩個效應，最典型的例子便是夜市、商店街，以及最新流行的加盟、複合式商店等，都是聚小以博大。所以本文一直強調，銷售業不能只再用刻板的觀念做單打獨鬥，而應該人與人、人與單位、單位與單位間做數量龐大的同業結合（規模經濟），或異業結盟，達到「全面化」、「生活化」、「社區化」的服務（範疇經濟），這樣做到個體集結、資源整合、擴大服務面向的功能，進而達到吸引客戶、客源流用的功能，是銷售業應該積極運作開發的創意。

結論：時代潮　創意勝

完整的商品和服務是絕對需要的基本要求，但在這個競爭激烈的時代，更需要「主動被看見」，而這需要與眾不同的創意發想，有些創意銷售自己就可以做，但有些需要與他人、甚至更多單位聯合起來才能產生更大的力量，譬如攤販在春節前聯合起來辦「年貨大街」，並穿插各式活動吸引人潮和媒體報導，會比單打獨鬥更有效，所以「個體合體」結盟更是現代銷售人員必須著手運用的一門創意！

註 1. 議題行銷：設計一個特殊的主題或議題活動，並通知記者來訪，只要發想夠噱頭，就有機會上媒體，達到大眾傳播的宣傳效果，就小眾銷售而言，能上地方版新聞就可以了。但有時議題在邀請來賓的身上，譬如通知政治人物來訪，政治人物就會自動把自己的行程通知記者，如：「市長昨日參加『Q Baby 泳裝秀』表演會，並擁抱與會小朋友。」上了媒體後，記得利用新聞再做後續動作和宣傳。

註 2. 口碑行銷：商品或服務本質好、有特色，客人樂意口耳相傳，甚至在網路世界裡幾何遞送，達到的名聲傳播的效果。譬如，台灣電影銷售冠軍《海角七號》一開始並無多少行銷預算，但藉著觀眾在網路的串連推薦，終於滾成雪球受到媒體的注意、報導，最後成為社會發燒話題，連政論節目都加以分析，最後還打破國片十多年的低潮，掀起國片新時代，被視為「網路口碑行銷」的典範。

註 3. 紫牛行銷：乳牛都是白底黑紋的，一群同花色的乳牛聚在一起，誰都很難被突顯出來，但如果是一隻紫色乳牛就非常容易一眼看到。相同的，要在很多同質性商品裡被一眼發現，本身就必須具有與眾不同的特色。

瞄準目標客戶

　　業務員一聽到要瞄準客戶時，無不驚訝的直呼：「怎麼可能？準客戶都不夠了，還有得挑嗎？」這就要看您的經營方向是否走對了。

　　曾榮獲某公司業務表揚大會會長資格殊榮的胡經理在接受筆者採訪時曾說，她當初為了拓展更豐富多采的人生，所以從香奈爾櫃長退下來從事壽險業，之後她便鎖定同樣也是櫃姐的對象開發，同時也請她們介紹同等級的客戶，所以她在短期內就建立了自己厚實的壽險事業根基與版圖！

　　胡經理一開始就走了正確的路：選擇同質且優質的顧客來培養，而不是亂槍打鳥，所以能展現優異的市場行銷與客戶培養效率！而這無非就是行銷學上「目標客戶區隔」概念的展現！

鎖定同質客戶

　　既然都要培養客戶，為何不一開始就鎖定同質且優質的準客戶呢？開始可以選擇和自己的興趣、專長、背景、特質等類似者來做目標客戶，也就是特別專注某塊市場的開發，而非大小通吃，大小通吃好似意味著有較大的市場，但事實上卻是「低效率」或「沒效率」的市場開發。懂得做區隔有一個好處，這些客戶跟我有相同質性所以容易切入，從他們身上再拓展的同質客戶，也同樣的較易開發，所以意味著較高的效率。

　　譬如，我對彩妝有濃厚興趣，可以去參加彩妝課程、演講、試用會，去參加的人因為有共同的興趣，所以很自然會因為相互討論而打成一片，比一般陌生變緣故來得更容易。這時再請求她們介紹周遭對彩妝

有興趣的親友讓我從彩妝的話題切入，也相對較容易成功。

又如，我有塔羅牌的專長，提供有諮商需求者的滿足，便容易成交，這時我也可以請求對方介紹有此需求的人讓我們服務，同樣的也很容易進入狀況，而且此時很有可能不需要提出再介紹的請求，對方就主動介紹新朋友給我呢。

又例如，我有護理或醫療的背景，可以正確幫人解決很多保健與照護方面的問題，並提供他們尋求協助的管道，自然就容易變成好朋友，而他們有這類需求的朋友時，很自然也會馬上想到介紹我們認識。

最後是特質，譬如我是家庭主婦，也可以鎖定家庭主婦；我是二度就業，也可以鎖定二度就業者；我是被資遣者，也可以鎖定被資遣者……，這些人因為有著同類同型的同理心，所以容易和對方「麻吉」。比如，我是個社會新鮮人，沒有特殊的專長和背景，但跟我同質的社會新鮮人也一樣跟我面臨同樣的青澀狀況，但也因為這樣彼此容易溝通：「我知道我們現在收入都不豐富，很難買得起高額商品，所以 OO 商品最適合我們目前的經濟情況……」

培養優質客戶

同質客戶容易親近成交，但優質客戶才容易創造高成交量，才能做一件等於別人做兩件甚至四五件，創造高收入！何謂「優質客戶」？就是有較高的社經地位，所以有較高購買能力，同時也容易成交高保額的對象。如果我們探究競賽得獎明星的成功秘笈就會發現，他們致勝之道往往不在件數多，而是成交量高！要如何創造高成交量？就是一開始就

要鎖定優質客戶來培養！

譬如，很多人為了結識更多菁英，而去進修 EMBA、參加社團活動並擔任幹部、主動請求轉介紹並積極去拜訪優質的對象……。這樣聽起來似乎有點勢利，但實者不然，因為「物以類聚」、「成功吸引成功」，如果想要有高遠的視野、強烈的企圖、絕佳的行動力、豐富的收入，就必須有好的同儕相互砥礪，如果不因成功而傲慢或為富不仁，就無勢利之說。

也有人說，越優質的客戶越不容易成交吧，這也是一個先入為主的迷失，因為優質客戶也是人，同樣也有需要滿足的需求，甚至他們的需求比一般人還大！以保險業舉例來說，吳敦義夫人蔡令怡名下有一張繳費近 1,100 萬元的年金險、副總統蕭萬長夫人朱俶賢名下有 2 張壽險保單合計近 940 萬元、前衛生署長楊志良及夫人李嬌鶴手中握有 9 張壽險及年金險，保單價值共計 861 萬元、總統馬英九加上夫人周美青名下壽險保單價值總共 654 萬元……（資料來源：2010-05《現代保險》）所以，誰能掌握優質客戶，誰就能掌握大保單，也才是致勝關鍵！

結論：加強本職學能與附加價值

要選擇目標客戶精耕，不要做散佈客戶淺耕，但這也需要本身有相當豐富的本職學能、服務品質與附加價值才能吸引人，如果這些都做到了，下一個銷售明星就非您莫屬了！

說故事銷售

本書一直強調，推銷不能直接從商品切入，而應該從生活、服務、喚起需求切入，而這時應該感性，到了分析需求時才要理性。但怎樣才是感性作法？如，鼓勵讚美支持（妳這麼為孩子無怨付出，真是一個好媽媽啊）、提出願景（妳的孩子將來一定能成為第二個郭台銘）、說故事等。本文就來談談如何利用說故事銷售。

故事的功能

「剛剛我要來的時候，路邊發生一起車禍，死者蓋上白布，但蓋不住大片的血漬，家屬跪在旁邊嚎啕大哭，我聽到遠方救護車嗚嗚駛來的聲音……」

記得有一次上台時底下一片喧鬧，我沒有叫他們安靜，也沒說開始上課了，我直接就講了上面那段話，接著我停下來，底下也安靜了，很多人臉上露出訝異的表情，此時零星還有幾個人在說話，卻馬上被其他人制止，沒多久整個場地都安靜了……。不是我有特殊魅力，而是大部分的人都想繼續聽下去，故事接著怎麼了？故事本身就有它特殊的魅力，能夠吸引注意、引發興趣，我們只要善用它就能展現說話的魅力。（這兩段不就是在說故事吸引各位嗎？）

銷售故事跟小說創作、專業說書、故事 CD 不一樣，不需要講究太專業的技巧，如果還用到倒敘、插敘、對白、修辭、角色扮演等，那感覺很像寫作或廣播劇，不似朋友間的分享，感覺很憋扭，您會用這種方式跟人講話嗎？所以您要學的不是專業說書技巧或劇本創作，而是收集有爆點、感人、令人省思的個案和故事，當然這些故事必須能跟商品與銷售連結。

故事的來源當然不必然是親自發生或自己客戶發生的，您只要用「有一個客戶……」或「郭台銘是台灣首富，但太太和弟弟仍無法躲過癌症病魔的索命……」來開頭即可。所以，多從主管、前輩、夥伴、新聞、視聽、閱讀……去收集實際案例、真實故事，這樣便能「舌粲蓮花」吸引別人的注意、興趣，最後連結到需求和商品，進而完成銷售。

■ 說出動人的故事

　　銷售故事唯一必須注意的地方只有「打動人心」，而它的訣竅就是在您想要達到的效果上（如悲傷、歡樂、感恩……）上多加著墨，而人、氣氛和需求、商品的連結就是需要著墨的地方，稍微加油添醋當然是免不了的，但不要搞得跟八點檔連續劇一樣灑狗血，或跟言情小說一樣矯情，加強但不做作，讓對方接受到感染，卻留給對方思考和感受的空間，是最恰當的程度。

1. 人

　　人的遭遇、反應、表情、動作都有感染力，譬如：「我見到一個撿破爛的老婆婆，好可憐。」可以將它故事化為：「那天晚上十二點，正是寒流夜，我夜歸經過超商門口時，發現一個老婆婆正在撿拾外面的紙箱，這時店員出來制止他，說那是公司的資產，不允許她拿。老婆婆顯得又累又餓，用祈求的眼光看著店員，手裡仍緊緊抓住紙箱不放，好似那是她最後的一點希望。店員於是過來伸手強行要拿回紙箱，老婆婆不肯，兩人就拉扯起來，老婆婆發出掙扎吼叫的聲音，在夜裡顯得格外悽厲。後來店員拗不過了，索性雙手一放，老婆婆失去重心，向後跟蹌了好幾步，一屁股重重的跌坐在地上，然後嚎啕的哭出來。」

2. 氣氛

要讓人感覺喜怒哀樂，也可以渲染當時的情境（情況與環境），譬如：「祝壽當天全家都很快樂。」可以將它故事化為：「爸爸臉上的笑容從未消失，媽媽一直忙裡忙外，卻樂得兩個臉頰紅通通的，幾個孫子在房子裡相互追逐、大聲尖叫，爸爸看在眼裡，眼眸裡的光芒卻更閃亮。這時門鈴響了，小毛趕緊跑去開門，霎時全家都驚呼起來，因為遠在美國的姑姑也專程風塵僕僕地趕回來了！」

3. 需求

營造人的感情、情境的氛圍，無非是以感性的手法喚起客戶的感動然後再連結到需求，因為人是感情的動物，所以感性產生的力量大如炸彈。「這時我深深感覺，人老了，如果沒有足夠的積蓄、健康的身體，不但無法享受天倫之樂，甚至變成子女的負擔，一輩子的辛苦最後卻落得貧病的下場，只能接受別人的施捨和同情！我們要這樣嗎？」

4. 商品

創造了需求，最後就要連結到商品，進而達到銷售的目的。「俊雄這時拿出他花了五年積蓄才買到的求婚鑽石，她告訴美美，鑽石代表的不只是永恆，更是承諾，有了這顆保值的鑽石，便代表美美會有一定的保障，給她保障，俊雄才能安心，這，才是『愛』！」

結論：清水變雞湯

從以上的示範可以知道，懂得說故事的技巧，平凡的小事也會變得豐富精彩並充滿感情，可以撼動人心，縱使清水也能變雞湯，所以銷售人員都應該練就說故事的技巧，而不是雄辯的技巧喔！

■ 說故事示範：遠颺的岳父

岳父自從發現肝癌到去世，才兩個月，令人措手不及。但，岳父一生勞動，縱使到了過世前兩個禮拜，都還一直不安於室，雖然已經無法進食，卻還吵著要去遊山玩水。於是我每週都會從台中北上台北陪他去爬山，他最喜歡去的地方便是竹子湖。

車到陽明山竹子湖站下車，然後我們就會徒步走進去，這時我走在他後面，看見他急遽消瘦而顛簸的身影，和燃燒到盡頭搖晃的生命。可是我卻被告知，不能告訴他醫生宣布他倒數計時的實情，所以我好像騙他一樣的哄他吃東西，這樣才能對抗病魔，而他也一直期許自己趕緊好起來，可以再走得更進去。但我知道，我在騙他，我一直自責，我在欺騙他嗎？

岳父會在公園裡，敞開襯衫上全部的扣子，半袒胸的臥在椅子上，吹著湖上的清風睡覺，我看著他睡去的樣子，臉上還有生病的痛苦，和掛念家事的牽絆，我心裡想，那會是他死去時的樣子嗎？

岳父是魚市場的大賣，每天凌晨兩點就必須到市場跟剛入港的漁船貨主批發魚貨，然後再將魚貨批給零售商，這樣才能趕上五六點的

第一批採買。

但我們不曾擔心他的身體，幾十年來他不曾看過醫生。可是去年他感覺腹部越加疼痛所以就診，卻被診斷出肝癌末期。正當家人還在討論要不要告訴他實情時，醫生又宣布，癌細胞已經擴散了，生命只剩不到三個月。在我們更加舉手無措時，岳父因黃疸過高昏迷再度送進醫院，便在醫院走完人生旅程。

岳父陷入昏迷後，仍不自主的抽動、呻吟，兩顆灰白的眼珠子規律的來回移動著，想必非常痛苦，我在病床前摸著他的手在心裡感應他：「爸爸，請放下一切牽掛、不捨，我請菩薩來幫您，您只管安心跟著菩薩，所有痛苦也會消失了。」然後，我開始唸《慈悲藥師寶懺》、《慈悲金剛寶懺》，唸完之後，岳父腹中的積血從胃管中噴出來，因為壓力減輕了，他開始呈現安靜狀態，直到兩天後嚥下最後一口氣。

岳父生前，我沒跪拜過他，岳父告別式後，骨灰擇日入塔，但入塔那天也逢祖母過世的頭七，一個月內痛失兩位親人的哀痛，就如兩把利刃同時插進心坎淌血不止！於是我提前一天到放骨灰罈處，把岳父的罈請出來，一拜再拜，感謝他把這輩子最珍貴的寶貝——女兒，交代給我。罈上岳父的照片栩栩如生，依然笑著，我卻深深感覺到，這是我們此生最後一次相見。不久之後，我夢見岳父來告訴我他要投胎去了，我告訴妻子，她只是流淚，也不知說些什麼。

今年清明來到時，妻子要提前返家祭父，岳父一輩子在市場工作，嗓門很大，毫不做作，唯有對我說話時輕聲細語，每當他朋友要跟我喝酒時，他都不準他們欺負我這個讀冊人，憶及緣淺的父子情誼，不禁感

嘆人生無常。

　　我想起竹子湖公園，四周環繞著翠綠的山頭，放眼過去有一大片盛開的潔白海芋在山嵐中搖曳，山中繚繞的煙霧，把這裡點綴的好似仙境一般飄飄渺渺，當時總有一個人喜歡在那裡吹簫，一首「出帆的人」一遍又一遍的吹奏，而這一切都似乎在預演告別的場景。

　　等到岳父真正的駕著生命之船駛離我們這個世界後，家人都等著岳父來托夢，可是全家竟然沒人夢到他，除了我，我在夢中清楚的看見他四次，從他剛往生時到完全離開我們這個世界的整個歷程。

　　我知道，他已經完全離開了，但每次再看見竹子湖或聽見「出帆的人」時，我都還會想起湖上輕輕飄移的煙霧，以及我欺騙他的自責。

　　岳父原本只是感覺腹部疼痛而到醫院檢查，孰知，檢驗結果竟是肝癌末期！因為肝是沒有神經，沒有痛感的器官，所以當病人感覺疼痛時，已是癌細胞擴散到其他器官，甚至入侵骨髓或血液、淋巴系統的時候，這時大抵也藥石罔救了！醫生認為不需要做化療，也不需要做放療，依他的臨床經驗，岳父還有半年的生命，但他建議我們可以嘗試一種新的藥物，或許可以延長壽命。這種藥物一顆兩千元，一天需要服用四顆，也就是一個月必須花費 24 萬，一年需要 290 萬！

　　這是一個龐大的負擔，但在家人面臨死亡的時刻，很多人還是會選擇嘗試，並期待奇蹟會降臨。我於是詢問了一些家屬服用過這些藥物的朋友，而他們給我的意見都是相當「痛苦」的，因為既不能眼睜睜看著親人痛苦的死亡（癌末的疼痛非比尋常，必要時甚至必須使用

嗎啡才能止痛），另一方面沉重的經濟壓力總使他們透不過氣來，甚至必須變賣家產或債台高築。而最後病患還是往生了，但這時，也沒人可以確定剩餘的這段日子，是藥物的關係，還是原本的餘命，唯一可以確定的是，病患的痛苦並沒有減輕，他們都是帶著病痛和拖累家人的遺憾走完餘生的。

於是，我痛苦又狠心的建議，要不要服用這種令人傾家蕩產的藥物，是不是由岳父自己來決定？說不定，他更希望將家產留給子孫，而或許，這也是他這輩子最快樂的事，也是他一生奮鬥的目的。但我的意見很快被否決，並被告知不能將實情告訴岳父，縱使散盡家產，他們也會不計任何代價搶救岳父。同樣身為人子，我當然能體會他們此時的心情，所以也只能默默的配合。

在醫院的時候，我看盡了生老病死的百態，尤其貧窮人家，只能躺在走廊的活動病床上等待健保病房，來往喧鬧的人群不但讓他們不得安寧，甚至像觀看怪物一樣的看著他們生病時的醜態，身為人的一點尊嚴都被踐踏殆盡。而當醫生詢問是不是要使用健保不給付的藥物來改善病患病情時，也只能眼裡噙著淚水，以沉默來替代拒絕。

人一定會經歷老病死的過程，如果生前有規劃，許多問題和遺憾不是都解決大半了嗎？

最後，岳父比預期的時間更早離開人世，我們都相信他是因為心疼子孫，不想拖累我們，所以提早跟菩薩去淨土了，但我們也都相信，他完全感受到我們至今還是如此愛他！

明星與聚眾銷售

　　很多世界紀錄級銷售天王或天后的成績一攤開來，往往令人瞠目結舌無法置信，因為他們最高紀錄一天的成交件數往往隨隨便便就是常人的數十倍，於是有人便質疑紀錄可信度，光收件就來不及了，哪來時間訪談、說明、服務，這樣又如何轉介紹，延伸後面的客戶？這當然是有訣竅的，而秘密就在，他們已經打破常人對「推銷是一對一小眾銷售」的刻板印象，進入明星式「聚眾銷售」的大眾銷售模式。通常，他會聚集一群準客戶進行集體說明、銷售，當然還會有很多助理人員從旁協助，如此一來，某一天成交數十件自然不是虛構。

聚眾銷售原理

　　聚眾（聚集人群）來進行銷售其來有自，傳統上，大家常見的夜市拍賣、廟口送禮商品說明會、公園綜藝表演賣藥……都是聚眾銷售，當然這是等級比較 Low 的，但其道一以貫之，現代的藝術品或房地產拍賣、高科技產品或資金募集說明會，乃至 Show Girl 資訊展、明星簽唱會……等，亦無不是聚眾銷售。在銷售業裡，保險業與傳銷業的職團開發（至某社團、公司等利用集會進行說明）、OPP（工作說明會）等，也都是聚眾的經營方式，而一些演講名嘴挾其明星魅力與鼓弄群眾技巧便能「闊嘴吃四方」，也是聚眾，也是銷售。

　　聚眾的好處便是群眾有衝動及從眾心理，所以賣家往往會先安排極具煽動力的主持人，並佈好「樁腳」、安排節目、利用舞台或聲光效果[註1]製造激昂氣氛（衝動），再搭配其他促銷手法和工作人員的推波助瀾，製造成交熱絡場面（從眾），如此一來集體成交效果也很彰顯。世界級的銷售大師，本身即有許多協力者、準客戶與明星效應，再加以活動設計和宣傳，也可以聚集很多陌生客戶前來與會，因而創造佳

績，這是未來明日之星的您可以積極設定的目標，但目前還是可以做個人、數人或單位結合起來的聚眾銷售。

拜訪式聚眾銷售

　　許多公司、社團、私人聯誼會都有固定的集會時間，一些社區、公司也會舉辦居民、客戶聯誼活動，它們都需要（或者可以製造機會）講授專題或辦活動，而這正是我們可以切入的點。作法如下：

　　1.透過電話拜訪、尋求轉介紹等方式，取得可以前往活動的機會。
　　2.設定活動主題，不要直接以銷售切入，應該用生活與需求切入，再導向商品。
　　3.做好活動設計，並做好人員工作分配（見〈克服活動中的緊張〉），活動不應只是說明，而應多元化，有更多舞台、感動、渲染、互動、遊戲甚至激情效果。
　　4.以「服務滿意調查表」、簽到表、交換名片等方式留下與會者姓名、連絡電話。留資料的方式盡量簡單（勾選式，不超過一分鐘即可完成），記住，這時千萬不要企圖立即得到客戶的個資。
　　5.搭配促銷、優惠或贈品活動。
　　6.請主力者（如：主管、主委）致詞，增加公信力。
　　7.如果沒有當場成交，也是獲得新客戶名單，可供日後個別開發。

邀請式聚眾銷售

　　眾人之力勝於一人之力，所以合體舉辦聚眾說明會的精采與優勢會勝於個人拜訪，同時也是約訪客戶、促成的好理由。作法如下：

1.訂定一個有需求的活動主題。

2.請每個人邀請客戶參加活動，人多氣氛容易熱絡，所以可以聯合舉辦。

3.做好客戶區隔。如果邀請的是初級客戶不要直接以銷售切入，可以用生活

與需求切入，再導向商品。如果邀請的是準成交客戶，可以直接以促成切入。

4.做好活動設計，並做好人員工作分配，活動不應只是說明，而應多元化，有更多舞台、感動、渲染、互動、遊戲甚至激情效果。

5.搭配促銷、優惠或贈品活動。

6.請舊客戶做經驗分享或使用見證，增加購買意願。

7.事後趁熱加強促成。

明星的魅力

不管是拜訪式或邀請式聚眾銷售，都是團隊工作，但無疑的，其中以主持人最為重要，他身兼三個角色：掌控全場節目流程的司儀、講解商品或需求的講師、炒熱氣氛和煽動情緒的靈魂。總之，一個好的主持人其實就是可以是吸收票房的巨星，可以吸引群眾、讓客戶動心，並讓群眾成為死忠門徒，就像粉絲追隨他們的偶像一樣，所以，一個好的業務人員必須以「成為巨星」為標竿來學習，只要具備這種特質，那從事聚眾銷售便指日可待，而聚眾銷售自然比一對一銷售來得更有績效。那要如何具備明星魅力呢？

1.外表形象

誰都不能否認外表與形象是吸引人的第一步，包括本書提及的形

象塑造、說話技巧、舉止態度、應對進退、乃至個人特色等。

2. 專業學養

好的明星必有其厚實的藝能專長，否則只會淪為耍嘴皮的通告藝人或野台藝人，同樣的，一個好的聚眾主持人，必對需求、商品、銷售等專業與相關知識瞭若指掌，並能臨場應變，而非只是靠叫賣或嘩眾取寵來聚眾。

3. 價值觀

價值觀是無形的，卻在語言中明顯透露出來，進而影響人的觀感，譬如有銷售明星讓人感覺炫富，有的讓人感覺志得意滿，有的讓人感覺充滿服務客戶價值的感動，有的讓人感覺人生充滿成長與精采……，這些都會造成群眾的評價，進而影響成效。

4. 公眾表演能力

主持人與銷售人員最大的差異便是，主持人必須有公眾的「表演」能力，而非只是一對一的解說，所以除了克服面對群眾的緊張外，更須養成在公眾面前說學逗唱的能力，而最好的辦法便是從基礎的公司早會、社團活動等擔任工作人員、講師學起，逐步觀摩、拿捏技巧，進而嘗試擔任主持人，從小場面到大場面，如此一顆巨星便會逐漸誕生！

5. 持續活動、服務

有活動曝光才能不斷吸引粉絲，最後成立粉絲團和後援會，同樣的，聚眾銷售的活動也不能一曝十寒，必須不斷更換活動主題持續聚眾（這也是一種服務），才能養成忠貞的協力者，而主持人也才會有越來越精進的功力和支持者，因而成為知名的聚眾明星。

結論：傳播時代，明星聚眾又吸金

在這個傳播時代，雖然強調的是團隊作品，但往往又需要明星才能吸睛和吸金，而且透過傳播的滾雪球效應，明星便越來越值錢，而且吸票能力呈倍數成長，所以不管唱歌、演戲，製作單位都不斷在塑造偶像和巨星，甚至變成有巨星才有票房，譬如，好萊塢超級巨星片酬多達千萬美金，幾乎佔電影平均製作預算五千萬的20%！同樣的，隨著時代的進步，您是否也開始思索成為下一位銷售紀錄明星，打破一對一銷售模式到聚眾銷售，從一件一件釣魚，到對魚群撒網？

註 1. 聲光效果：賣場和集會場地的聲光效果非常重要，據研究，賣場播放熱門音樂比播放抒情音樂更有提高客戶購買率及購買量的效果。同樣的，拍賣會場經常播放仿若心跳加速的節奏聲，讓客戶無形中感染一股時間將至的緊張性，因而促使趕快喊價和競標。同樣的，聚眾活動時，當要訴諸感性與感動時，燈光可以轉為柔暗、並配合婉柔的音樂；而要訴之激昂或促使成交時，可用飛旋的五光十色及雄壯的音樂。

第六篇

大執行：
客戶和活動管理

現在您應該有基本客戶了

接下來要做的便是

以大執法的紀律來大執行

讓客戶等級提升

安排好工作項目和日程

做績效檢討和缺失改進

客戶經營

透過有技巧的方法獲得許多準客戶名單後，要有計畫、有系統的去拜訪、經營他們，這也是一門效能的學問，就如生產線也必須有順暢的流程和材料才能有高產能一樣。

初訪

所有的名單不論親疏、陌生一律先打過一遍電話，這很重要，千萬不要自己先入為主的認為：這個名單不會成交，不用打了，不然到最後連一通電話也沒打出去，都被自己的怯弱先篩光了！

第一次接觸時，不管緣故或陌生，大多會以電話先連絡，除了問候、寒暄外，應明確認讓對方知道我是銷售員，但我不會打擾您，造成您的困擾，我只是提供您所需的需求、生活資訊和服務，如果您或您的朋友有需求，我當然會義不容辭的為您們服務。客戶這時可能會推辭，您可以說，這是公司交付給我的任務，希望您給我一個機會，並再次保證不會打擾他。

初訪只是破冰，日後還得好好循序漸進的持續經營，有服務才有成交、轉介紹和成為協力者的機會，雖然可能偶爾剛好釣到幾尾有需求的大魚，但一般來講，要怎麼收穫還是先怎麼栽。傳統銷售方式上，有的喜歡用「迂迴戰術」（如問卷調查、送禮活動、辦同學會……），隱瞞銷售目的，造成對方的不良觀感，自己日後要轉換身分也很尷尬。打過電話後，依對方的反應將他們分四級，每級的經營方法都不一樣，簡表如下：

	Ａ級客戶	Ｂ級客戶	Ｃ級客戶	Ｄ級客戶
訪後反應	有成交可能	可再連絡	反應冷淡	幾乎不可能
續訪理由	需求分析	邀約面晤機會	邀約公司活動	告知新資訊
經營目的	收集完整個資	建立信任	建立好感	拉近情感
拜訪方式	等級越高親訪越多，等級越低電話、電子書信越多			

客戶分級

　　依客戶的反應可以由高而低分成如下四級，您可以在初訪後在名單前做「Ａ」、「Ｂ」、「Ｃ」、「Ｄ」記號，當然Ｃ、Ｄ級準客戶會不少，但沒關係，接下來我們就要去經營他們，因為「先服務，再情誼，後交易」才是王道，而且種子一定要經過時間的培育才能熟成，沒有一夕可收穫的，相同的，如沒有後續動作，就一切就會是０了。拜訪越多，資料越充分我們才能做越有效的客戶需求分析，進而逐步邁向成交。

　　Ａ：有成交可能

　　Ｂ：可再連絡

　　Ｃ：反應冷淡

　　Ｄ：幾乎不可能

拜訪客戶的理由

　　新準客戶（尤其是Ｃ、Ｄ級）不可能告訴您他的個資，所以有陌生問卷或陌生電話拜訪一開始就以統計資料為由，詢問客戶個資，都會被當成詐騙集團，所以千萬不要再用「ＯＯ調查」為由，做無效率的開發了，而且〈個資法〉實施後，對象還可能告您一狀！用很親切，

而且是專門來拜訪的態度切入，不要讓對方覺得「又是一個制式的推銷！」接著視對方的反應等級，由低而高靈活運用下面的經營方式：

D：告知新資訊

資訊可以是與商品相關的，也可以是與客戶生活（職業、興趣、需求……）相關的。資訊不要花錢，但要實用，譬如免費的演講、說明會、展覽、活動……等。很多人以為：「這個資訊跟客戶說了他也不會參加，說了也是白說，所以不用說了。」這是絕對錯誤的觀念，客戶用得到與否只有他知道，我們不要私自幫客戶做決定（最糟糕的是，還經常做負面的想法），告知資訊的目的在製造機會與對方接觸，進而逐步化解陌生（所謂「一回生，兩回熟」），拉近感情，熟客當然也可持續告知新資訊。「林小姐，上次您提到兒子要考資優班，我在報上看到他們要舉辦招生說明會，時間地點是OO，另外還有一些注意事項我跟您說明一下……」只要夠用心，客戶怎會不感動呢？

C：邀約公司活動

邀約公司活動旨在讓客戶更進一步了解公司，進而對公司、商品和本人產生好感，一樣的，不要認為客戶不會參加就不連繫，這是一個接觸的方法。如果公司沒有辦活動，單位或幾個志同道合者可以聯合起來一起辦理。「林小姐，我們公司周日要舉辦兒童繪畫比賽（或OO），時間地點是OO，您可以帶孩子一起來做親子活動，透過正當休閒娛樂增進兩代感情（鼓吹活動效用）當日我也會到場，『我幫妳留兩個位子夠嗎？』（這是比較婉轉的假設成交法，一開始切莫超之過急）」

B：邀約面晤機會

　　和客戶有了一定的情誼後，就要開口邀約面晤，所謂「見面三分情」，唯有經常性的面晤，客戶對您的情感和信任才會越深，交易的機會才會越大。因為每個人作息時間不一樣，所以面晤沒有所謂適當或不適當的時間，一切以客戶方便的時間、地點為主，所以業務員必須很機動，很勤勞，縱使客戶晚上十點、午休時間才有空在車程一兩個小時之外的地點跟我們見十分鐘也要過去，因為「風雨故人來」，越困難的面晤客戶自己會越覺得不好意思，也越能展現我們的情意，成功率反而更高。「林小姐，因應不景氣，公司推出一個便宜的新商品，我晚上剛好會到您家附近，順便幫您送資料過去（假設成交法），七點還是八點您方便？（二擇一法）……，沒關係，東西帶到我就走了，不會打擾您很久（強調不會打擾）。」

A：需求分析

　　與準客戶越來越熟，就可以開始準備做需求分析，為成交鋪路，而需求分析前必須收集完整個資，但收集個資時並非拿個清單逐一「審問」，或請客戶填寫表格「招供」，誰理您？而是技巧性的在每次拜訪時逐步探詢、收集，直到時機成熟時提出需求分析做最後確認。「林小姐，您那麼重視小孩教育，真是好媽媽（讚美）！之前您提到有計畫讓小孩去美國念書，將來一定可以光耀門楣（提出願景）！如果現在可以趁每次美金匯率回檔時先預購美幣理財商品，可以賺不少錢，將來就可以派上用場（商品功能）！……，沒錯（說明或拒絕處理）。那可以請教，您每個月可以有多少餘額可供運用（探詢）？……這樣喔，這樣十年下來只有OO金額，恐怕只能讀兩年耶，那您房貸還有

幾年繳清（再探詢）……」

拜訪客戶的方式

　　拜訪客戶有下列三種方式，拜訪不是去泡茶閒聊打電動，但很多業務員確實這麼做，以致浪費很多時間在打混，每次拜訪都有理由和目的（見上），都是在增進銷售和轉介紹進度，如果不能達到這個目的，就是沒效能！此外，每天也都要有一定足夠的訪量，這樣才能產生績效！

1. 親訪

　　親訪是最費時的，但也是效能最高的，親訪過幾次，大多就能進入探詢交易意願，其它訪問方式都在為親訪做準備，一定要排定每日訪問行程，以協力者、A、B級客戶為優先，剩餘的時間安排舊客戶和C、D級客戶。另外，事有「急、重、輕、緩」，應依序排定行程。

2. 電話訪問

　　電訪是最方便的拜訪方式，但也能暢所欲言，除了新名單都要先打過一遍外，所有的舊客戶如果沒有時間親訪，也都至少要一個月電訪過一輪，了解他們的近況（任何狀況的改變都可能代表一個新商機）、有無需要服務的地方（同樣的，任何服務的機會也都可能代表一個新商機）、邀約公司活動、告知新狀況等。

3. 電子書信

現在的電子書信（e-mail、LINE、手機簡訊、APP傳訊）可以一次傳輸給多個人，到對方部落格或Face-Book留言也很方便（「朋友」也一併可以看見），可以多加利用。但，現在是資訊氾濫時代，您的電子書信是否變成垃圾郵件或廣告貼文，對方根本不會打開看或覺得煩？所以，電子書信「貴在精，不在多」，要確實篩選客戶有用處和精彩的資訊。C、D級客戶可多先用電子書信打前鋒，培養熟悉感，過一陣子再打電話去問：「您有收到我的邀請函嗎？」當成切入點。

結論：做作業，決定未來

客戶經營有其程序、理由、目的，這樣才能有條不紊的產生績效，很多業務員在前一年甚至前幾個月就陣亡，理由有二，一是不遵照流程行事，所以基本動作不純熟；二是基礎的活動量就很低，沒動怎能活？所以推銷事業的根本在以紀律貫徹活動量和客戶經營，而這絕對也是業務員能否生存的關鍵！所以接下來的作業便是，把還沒打完的客戶名單確實打完一遍，如果您先前已經打完了，那依照等級，依本文的方法再打一遍！記住，Call客永遠不會嫌多！

客戶管理

　　做好名單收集、客戶經營後，最主要就是要做好客戶管理，它有兩個重點，一是建立電腦化客戶管理系統，二是關係管理，目的就是將低級客戶逐步升級為成交客戶，而成交客戶培養成協力者，因為每個客戶都是一粒種子，種子都需要灌溉、施肥才能收成。

建立電腦化客戶管理系統

　　門市一位來賓來看商品，銷售員有留下來賓的資料（如交換名片、填服務調查表）嗎？之後有打電話去關心購物的結果嗎？打了幾次？依據我個人的經驗，很少接到後續關心的拜訪電話，門市銷售員大多有我「守株待兔」、客戶「自投羅網」的心態，這部分應該變成「主動出擊」才對！至於外出找客戶的業務員（如：保險、傳銷、理專……）最大的罩門則是：自己先入為主的認為這個客戶根本不會成交，所以就在心裡將他打一個叉叉，不會再去拜訪，最後也變成出門後無處可去的慘況！

一、客戶資料管理

　　在任何機會，留下任何聯絡方式列為 D 級客戶再逐步拜訪、經營（如前章）是第一步，然後留下每次的拜訪紀錄，以供日後檢視。很多公司已經提供客戶開發管理系統給業務員使用，結合準客戶卡、客戶卡、活動日誌、行事曆、提醒功能，還有事後的各種活動量分析與主管輔導資料，乃至還有自動列印與寄發電子訊息……等功能，這麼方便如不確實運用只能說是自廢武功。

　　但實務上，電腦化客戶管理系統普遍使用機率偏低，原因在業務員大多不喜歡坐在桌上做行政作業，認為這根本無濟於事，而且這個準客

戶不見得成交，幹嘛花那麼多時間整理？這絕對是錯誤的觀念，前面已經提到，現代銷售應該依靠科學管理方法，而非經驗和記憶，如果您有一百位甚至五百位準客戶，您能記住對哪些人做過哪些事嗎？那怎麼完美延續接下來的服務？反過來說，能擁有五百位準客戶或客戶的業務員，一定都用資料管理，而非大腦管理，因為依賴大腦的人能力不足擁有這麼多客戶！電腦化客戶管理有下列好處：

　　1. 將資料全部輸入電腦裡（輸入還能用「複製」，很省時）能一勞永逸並做集中管理，您不能左一份名冊、右一份名片簿……，拉里拉雜的煩不勝煩。如果能平板化，還等於隨時將整個資料庫帶著走，方便異常。

　　2. 快速搜尋，立即找到需要的名單和服務紀錄，如本月份的壽星、有參加 OO 活動的人……

　　3. 資料功能相互流通，不用重複輸入。

　　4. 能一次服務全部或挑選過的客戶，如一次寄發 e-mail 給多位客戶等。

　　5. 有詳細的拜訪、服務、交易紀錄，日後才能做客戶關係管理！

二、拜訪紀錄事項

　　如果您的公司沒有提供客戶管理系統那就自己用電腦做，並善用電腦搜尋（尋找）、複製功能，甚至可用巨集做多種功能（範例如下），您的紀錄應該包含：

□客戶　□準客戶，等級：

姓名：　　　　　　　男（女）　　來源：（OO介紹或OO開發）

聯絡電話：　　　　　　　　　手機：

生日：　　　　　　歲　　Blog（FB）：

e-mail：　　　　　　　　　LINE：

拜訪處：　　　　　　　　　　住處：

公司：　　　　　　　　　　職級：

公司地址：

公司電話、分機：　　　　　公司傳真：

公司e-mail：

配偶：　　　　歲　　　　老大：　　男（女）　　歲

老二：　　　男（女）　歲，老三：　　男（女）　　歲

大約年所得：　　　　　　資產概況：

特殊需求：　　　　　　　商品需求：

購買情形

日期　　　　購買商品組合

_____

_____

_____

_____

_____

_____

_____

_____

1. 客戶個資

　　如前所言，客戶不可能一下子給您他所有的個資，所以要用「剝洋蔥法」由陌生而緣故逐步收齊下列資料。要注意的是，我們要的資料不一定是與商品分析直接相關的，滿足客戶的興趣、特殊需求都是我們與客戶建立情誼的捷徑，所以也要特別注意。

　　1) 初步：姓名、性別、連絡電話（手機）、拜訪處、電郵、Blog（Face-Book）、年齡層。
　　2) 進階：生日、公司、職級、家人概況、興趣、特別需求。
　　3) 需求分析：所得狀況、家人詳況、健康狀況等商品設計所需資料。
　　4) 成交階段：契約書所需之資料。

2. 拜訪紀錄

　　拜訪對象含舊客戶與準客戶，載明拜訪的日期、方式（代號：A.親訪、T.電訪、M.電郵、S.簡訊、B.部落格留言）；目的（代號：a.需求分析、b.邀約面晤、c.邀約公司活動、d.告知新資訊；e.緣故感情聯繫、f.緣故服務、f.要求轉介紹）、結果。使用代號不但簡單明瞭，而且方便搜尋。以上的項目與代號可識個人需求變更。例：

日期	方式與目的	結果	備註
2/9	Aa	月繳多 5000 元，2/11 上午十點再 A	
2/9	Tc	考慮後決定，2/11 再 T	2/19 烤肉會

3. 活動量統計分析：見下文。

4. 交易紀錄

詳細記錄客戶第一次與日後每次成交的日期與商品，商品一樣可用代號，以簡便紀錄。

客戶關係管理

業務員努力地收集客戶資料、填寫拜訪活動與交易紀錄，除了做需求分析與科學管理外，最重要的是要進行「客戶關係管理」，新世代的業務員不能再拿著型錄到處詢問，需要更有效的開發與服務方法，而這就需要充分的客戶資訊。

所謂「客戶關係管理」（CRM）就是找出準客戶或客戶個別的需求特性，然後加以主動推銷、滿足，這樣就可以增進客戶的購買率、購買量、滿意度，而賣方的成本也會降低。最典型古老的例子便是王永慶，他還是米店學徒時便會記錄客戶買米的日期、數量，幾次之後，便主動送過去，除了直接排除競爭對少外，客戶都很訝異他的服務品質這麼好，可見做大事業的人，還是從基本的工作紀錄做起！而資訊技術進步後，「客戶關係管理」則又更精進了，電腦毫不遺漏的記載客戶購買紀錄後，交叉比對發現客戶的消費金額、偏好等，然後在新產品上市或促銷時主動通知，精確瞄準目標客戶、直接命中客戶喜好，賓主盡歡。

客戶關係管理的運用例子不再贅舉，從推銷的角度來看，業務員一樣可以從客戶的基本資料和拜訪紀錄發現客戶的消費偏好、特殊需求、

潛在商機等，這時就可據以切入，直接命中。

1. 消費偏好

　　譬如，這個客戶偏好投機、理財、儲蓄；或這個客戶偏好新商品、傳統商品；或偏好時髦品、促銷品；或偏好運動、食療……。「投其所好」命中率高。

2. 特殊需求

　　譬如，這個客戶經常出差（或高風險職業），爆肝及意外風險高；或這個客戶有某種家族病史，需要特別保養或定期追蹤；或這個客戶經常一定金額支付父母的醫藥費……。發現需求，滿足需求，成交率自然高。

3. 潛在商機

　　很多商機是需要被發現的，譬如，客戶有個讀國三的獨生子，他可以衍生多少商機？教育基金、資產轉移、轉大人藥品、讀書聰明配方、課業相關輔導、年輕人用品……。又如，客戶新婚、升職、生子……甚至單純只是過了五年，客戶的需求是不是就改變了？就又有新商機了？

結論：做作業，決定命運

　　新時代必須用新的銷售管理方法，其中最重要的基礎便是「紀

錄」，有紀錄才能進行後續的管理和分析，才能做效率服務和商機發現，如果您覺得紀錄很麻煩，那就表示您客戶不夠多，這是一個警訊，如果您客戶夠多卻不做紀錄，那更是一個警訊，因為必然丟三落四，成長立即停止！所以還是必須徹底做到這些基本動作的紀律！本文的作業便是：開始做（準）客戶卡的拜訪紀錄，並請主管督促您務必貫徹。

▌第 32 講
工作日誌

要做那麼多客戶經營和管理，就必須要有詳細的事前工作規畫——工作日誌，才能有條不紊的掌控，但很可惜，大多業務員還是不習慣寫工作日誌，原因是客戶不多，不需要，等客戶多了再做。這個想法剛好是相反的，客戶不多應該不會浪費太多時間規劃，可是如果不養成事前規劃的習慣，客戶永遠多不了！為什麼？因為這樣會永遠面臨早上起床後不知道今天要幹什麼的狀況！縱使沒客戶要去做陌生開發，也要事先規劃一下時間行程吧？如果沒有事先規劃好，又怎會突然去做？突然去做又怎會做的好？又怎會持續做？先來看下面這個故事。

「工作日誌」的故事

「銷售之王」富蘭克‧貝吉爾（Frank Bettger）在進入銷售業後，一開始業績不盡理想，在公司的財務補助額滿前，還沒有達成業績目標，因而遭到主管面談。這使他很受傷，於是一個人在會議室「閉門思過」苦思改進之道，這時他想到雜誌報導效率專家艾維的文章。

艾維說：「把明天要做什麼事先列出來，然後依重要順序排列好，明天就按著今天的計畫做就可以了。」於是貝吉爾也嘗試這樣做，沒想到效率大大提升，於是他又試著每個禮拜訂定一天是「自我經營日」。首先，他會檢討這周以來的業務活動優缺點、業績目標達成狀況，並分析它的原因；接著，他會安排下一周的拜訪行程，包括客戶名單、拜訪時間、說明內容等，而且要求自己一周要有十次成交的面談約會——這就是工作日誌，推銷之王都在做了，那您呢？

所以，每位成功人士都會有詳細的事先規劃、事中紀錄、事後績

效評估與輔導，兼具這些功能的「工作日誌」便是帶領業務員邁向成功的葵花寶典，讓我們一起運用它邁向超業之路吧！

如何使用「工作日誌」

這麼一項媲美倚天劍屠龍刀的神奇寶貝，使用卻非常簡便，只要持之以恆、如實操作，成為武林至尊就指日可待了！工作日誌功能如下圖，並逐一解說。

事中管理　　　　　　　　工　　　　　事後績效評估與輔導
（活動量衡量、時間　　　作　　　（統計活動量、查核達成狀況、
　管理、活動紀錄）　　　日　　　　發現疏失原因、提出解決方案）
　　　　　　　　　　　　誌

事先規劃
（預訂活動排程、預訂階段目標）

一、事先規劃

1. 預訂活動排程

「工作日誌」一個相當重要的概念是：它不是事後紀錄的本子，而是「事先做規劃」的工具，我們必須在每周末，便做好下周的行程計畫，就如貝吉爾每個禮拜訂定一天是「自我經營日」一樣。如果早會後，活動表還是空白的，就表示今天，或這周，甚至這個月，都還不知道要何去何從，這絕對是一個警訊！正確的作法是：

1) 將已知的客戶約會、公司活動、行政作業……等時程都一一先填上。

2) 如果還有空檔便排定時程做各種業務開發活動，如：依客戶名單 Call 客、外出陌生拜訪、籌備社團開發……，依此獲得的約會或工作時程再一一填入工作日誌，並避免和前項發生衝突，或者要做調整。

3) 如果還有空檔，便持續做 2. 的動作。

如果覺得工作日誌是一項負擔，每日要花時間「事後」補填甚至造假給主管檢查，那就跟考試作弊一樣，是不智的，因為最後這些都會呈現在績效——收入上，必須自己完全去承擔結果。

2. 預訂階段目標

業務活動最終的目的是創造績效——收入，所以應該先預訂本周的績效目標，如果績效達成落後，唯一的方法便是要再加強活動量，進而創造更多的面談和成交機會。所以從活動日誌很容易便可以知道自己的活動量是否需要再加強，績效是否足夠。

那要制訂多少階段績效目標才夠？如果完全沒有目標，那不只銷售之路難走，人生之路也會很坎坷！如果只是以公司考核為目標，那麼在缺乏企圖心的情況下，就很可能每況愈下。所以目標的制訂應該結合晉升或人生目標，更應該挑戰自我的能力！

二、事中管理

1. 活動量衡量

從工作日誌填滿多少業務活動時數，就可以知道活動量多寡，當然，老鳥約會會多一點，菜鳥從事各種業務開發活動會多一點，沒有約會就從事業務開發活動，這是不變的定律。如果一天活動量總合達不到公司的規定，或一天不到八小時，那就很明顯知道您今天是蝸牛不是蠻牛！如果沒有持續達成標準的活動量，要創造收入，絕對很困難！超級業務員，一天的活動量經常都超過公司規定或一天八小時的50%以上！

2. 時間管理

因為有事先的順序規劃，所以可以很清楚掌握活動時間，知道應該何時到達（千萬不可遲到）、何時離開（千萬不要拖延），有時間可以多聯繫感情，沒時間就要簡單扼要，這樣行程的時間便能在掌握之中。

做好時間管理是良好業務員的重要守則，一方面是對客戶的守時守信（客戶的信任來自守信，守信又以守時為基本），如有拖延務必先電話通知，並告知預定到達的時間，以免客戶等候，心生不滿；另一方面，有良好的時間管理才有良好的工作效率。

3. 活動紀錄

活動之後先 MEMO，回去後記得填到客戶管理系統（如果用的是平板，就可以當場紀錄），在拜訪中應積極製造再訪、轉介紹得到新名單的機會，如：客戶反應問題，可以當場應允答覆日期，並立刻將行程寫入工作日誌中；又如：有客戶友人在場，即應交換名片，並視談話內容允諾提供協助（不以商品為限）並約定碰面時間，同時登入工作日誌……

結論：別忘了手中的寶劍

「工欲善其事，必先利其器。」有一枝槓桿一個人便可以推動一輛卡車，同樣的，工作日誌便是幫助我們在業務路上披荊斬棘的槓桿，如果懂得運用它，那它絕對是寶貝，不是負擔，而且您也跟銷售之王用同樣的武器呢！

工作日誌填寫範例

日期：9/1

時間	對象	業務活動	結果
10:00-12:00	林金郎	c. 送烤肉會邀請卡	9/7 上午確認
12:20-13:30	林智靈	e. 維尼餐廳	認識隋糖，邀約烤肉
14:00-16:00	周董	送契約書，收取支票	9/2 回覆客問
17:00-18:00	緣故	c. 電話邀約參加烤肉	照雄 OK，9/2 送邀請卡

業務活動代號：a.需求分析、b.邀約面晤、c.邀約公司活動、d.告知新資訊；e.緣故感情聯繫、f.緣故服務、f.要求轉介紹（請依實際狀況制訂您的活動代號）

可預計 9/4 打電話再邀約

順手將 9/7 的行程填入當天日誌，以下同

預留行程交通時間

利用空檔 call 客

出門前即記得帶契約書，收款後立即回公司繳交

績效評估與輔導

　　工作日誌除了事前規劃、事中管理外，還有另一個同等重要的目的：事後的績效評估輔導[註1]。如果您是店老闆，每天晚上拉下店門後是熄燈上床，還是清算一下今天的盈虧，並計一下賬？如果您是總經理，下班前最後一件事是不是看一下今天的業務報表？為什麼？沒錯，您要隨時瞭解最新情況，這樣才能掌控狀況、發現問題、提出辦法，不然就迷迷糊糊的，生死由人，這樣想要做生意成功恐怕很難！同樣的，一個積極的業務員又怎會不想隨時了解自己的進度呢？那麼，業務績效怎麼評估？輔導怎麼做？

一、績效評估

　　做績效評估要憑數據，而非憑感覺，所以首先要做統計，就像老闆要點算客戶流量、清算成交金額一樣。然後，他便能預估，照這樣下去，月底就會盈或虧了。

1. 結果統計

　　到了一個階段後，就必須統計這段日子以來下列的四個數據，明確知道自己執行和收穫的結果。統計階段分成：周、月、季、半年、年，因為唯有每週、每月……的統計，才能隨時知道並掌握自己的里程數，以及現在已經走到哪裡了，以便立即糾正，這樣才能確保一年後可以達成，否則越落後越多，最後就回天乏術。

1) 活動量總計。
2) 活動量達成率。
3) 成交量總計。

4) 成交量達成率。

2. 達成查核

　　藉由統計量便可以發現自己的活動量/率、成交量/率的達成狀況，如果發現達成超前，那恭喜囉，表示還有充分的潛能可以發揮，應該繼續提高對自我的期待，創造更傲人的成績；如果不幸是落後的話，就應該惕勵自己有更積極的活動。

二、績效輔導

　　當老闆預估自己到月底會盈或虧後接下來會怎麼辦？當然就是想辦法更好或趕緊補救，而非坐以待斃，這就是績效輔導。

1. 發現原因

　　成功不會沒有原因，失敗不會沒有理由，跟夥伴、主管一起討論，我達成的優勢（點）在哪裡？可以更好的地方在哪裡？掌握並發揚優勢，改進並避免缺失，就是致勝之道。

2. 提出方案

　　成功不會沒有原因，但更需要明確的方法和方案，所以針對原因對症下藥，便能快速有效的提振績效，一樣的，跟夥伴、主管一起討論，藉由他人的經驗傳授和輔助教導，讓自己最快的找到整套方法。

3. 修正計畫和行動

　　找到改進方法後便要回過頭修正最初的計畫，但此時的修正很少是願景和長期目標，而是短期目標和執行方式。所以績效評估輔導不是一個階段，而是一個靈活應變的循環，好像方向盤隨時都在調整，以使輪子一直維持在跑道上，或避開狀況後又回到原有的跑道上，而車子也因而可以越駛越遠，終於精確地達到目標。

結論：做作業，決定未來

　　決定業務員最終命運結果的是：績效決勝論，業務員最終會不會留在銷售業有很多因素，但最主要的還是有沒有產生績效——賺到錢，如果有績效，賺到錢，名不見經傳的小公司也會留下來；如果沒有績效，賺不到錢，縱使是在華爾街的五星級職場上班，也留不住人。所以業務員都應該抱定「績效導向」為最終目的，而以工作日誌做好活動量管理，進而做績效評估與輔導，這就是績效管理的最佳利器，不要棄明珠不用，而盲目作戰！所以，這次的作業便是：開始做工作日誌，並確實主管輔導。

註 1. 績效評估輔導：績效評估有多個系統，常見的有 PEP（績效評核計畫，Performance Evaluation Program）、PACD（Plan 計畫、行動 action、Check 檢查、Do 執行）、DOME（Diagnosis 診斷、Objective 目標、Method 方法、Evaluation 評估），但精神和方法都不脫離本文所述的五個步驟、執行和循環。

第七篇

米迦勒傳奇：
成功經驗談

至此

您對銷售如何實戰有了一定的理解

接下來便要以世界銷售名人

和筆者採訪過的業務明星

跟大家說故事

銷售之所以成功的故事

黑人紀錄王

有「保險業歐巴馬」之稱的所羅門・希克斯（Solomon Hicks），他是位黑人，在種族歧視的年代，連續 12 次拿下 MDRT 的「頂尖會員」（史上黑人只有兩位），7 次蟬連保德信保險公司年度業績第一名（至今仍是紀錄保持人），目前還持續保持年度佣金收入破一億新台幣。

最卑微的人，創造最輝煌的歷史

2011 年他出版《當所羅門遇到業務員》（〝Wise Guys Finish First〞）自傳作品，他能回答您下列問題：沒有大學學歷吸引客戶、沒有顯赫家世可以緣故、出身卑微備受歧視，這樣的人還能做保險嗎？這樣的人能成功嗎？這樣的人會是歷史紀錄締造者嗎？而答案都是肯定的！

所羅門因為集種種「卑微」於一身，在走投無路時打算加入壽險業（當時身上只剩六美元），但他沒有代步的車子、家裡沒有電話，所以連保險公司都拒絕他！在所羅門的懇求下，經理告訴他：「隨便，但沒人會照顧您，我們不會給您桌子、名單，甚至連名片也沒有。」

相信每位壽險銷售人員都經歷過難堪的拒絕或椎心刺痛的遭遇，但如此被糟蹋應該沒有過吧？可是所羅門說：「我可以記住別人如何苛刻對待我，也可以記住種族歧視是如何充滿仇恨，但我相信生命的過程都是考驗，讓我們性格發展的越來越高尚。」

因為沒有客戶名單，於是所羅門便用電話亭的電話簿逐一 Call 客；因為沒有汽車，他便搭公車到目的地，然後做社區掃街拜訪；因為家裡沒有電話，他便留在公司電訪，並嚴格要求自己要打完一定的數量，約

到明天的訪客；因為沒有名片，他便借用同事的名片，再貼上自己的名字。最艱難的是，因為沒有人指導他怎麼做，所以他每天凌晨三點半起床自己對著鏡子做演練，然後趕五點的第一班公車。

如果是我們，恐怕早就放棄了，為什麼我們要忍受這種屈辱和煎熬？但成功的人想的和我們不一樣！所羅門沒有父親，母親不識字，但母親從小就以言教和身教告訴他：「不要抱怨，要樂觀！」確實，在那個時代，黑人如果不能做到這樣，就只有整天在貧民窟和幫派、毒品為伍，但所羅門拒絕這樣過一生！

就這樣，所羅門以我們現代「聰明人」眼中愚笨、土法煉鋼、沒有希望的方法，一一血跡的在荊棘中爬行，勇奪當年「年度新人王」，並打破新人的各項紀錄！這不禁讓我們嚴肅思考：成功的關鍵是「聰明的經常取捨」還是「愚笨的絕不放棄」？

發現愛，社團開發創造百年紀錄

人生不會一帆風順，對於一位黑人更是如此。五十歲時，已經是風雲人物的所羅門因為舊疾復發住院一個月，隨後又因一場車禍住院四個月，加上休養，他將近一年業績掛零，此時，往日跟他情如兄弟的公司副總裁卻以公司轉型、所羅門沒有大學學歷為由，給他一封短信，告訴他如果不能在下一次考核期達到標準，就將被開除。

受到歧視與打擊的所羅門悲痛至鉅，一個人躲到山洞去嚎啕大哭，可是在這最孤獨哀傷的時候，他卻開始省思一個問題：我一直在追求第一名，拼命工作，希望獲得別人的推崇，但工作意義到底在哪裡？

突然，他頓悟了，原來有人信任他、找他服務，而他能像陽光一樣的照亮別人、守護別人，這才是生命的真諦！

他領悟到了「愛」！

此後，虔誠基督教徒的所羅門決定像散佈福音一樣的將保險的保障帶給每個人，所以他便專程拜訪並結識管轄一千五百間教會的摩頓主教（Bishop Morton），在獲得他的認同和介紹後，開始了這個有著廣大市場的「社團開發」。

這裡有兩個重點。首先，神職人員和信徒是最不喜歡與商業交易扯上關係的，而且他們大多不是收入豐厚的人，所以除非有著熱忱無私的心，並且真心為他們著想，否則就極容易被用異樣的眼光排擠，所羅門因為領悟了愛的真諦，所以克服這層障礙。同樣的，有些業務員不喜歡從緣故著手，認為這會使原本單純的情誼變質，這個觀念是大錯特錯的，如果您真的認同保險能為親友和他的家庭帶來保障、帶來幸福，為何又不敢介紹給他們？如果真的是這樣，那您還不夠了解「愛」！

再者，所羅門採用的便是頗有成效的「社團開發」，您必須徹底融入這群人、知道他們的需求、了解他們的文化、相應他們的價值、成為他們的一份子，愛護他們如自己的家人，如此才能在這個社團（或職域）長久開發，如果只是蜻蜓點水辦個商品 OPP 應付一下，沒有長期投入與經營，那鐵定鎩羽而歸。最後，這群教團信徒成為所羅門的忠實門徒，不斷為他轉介紹，終於成為支持他保險事業最堅實的力量！

結論：偉人總是生於苦難

很多人會抱怨自己時運不濟、總是老天不眷戀的那位，但他們卻不知道，火焰化紅蓮、亂世出英雄，苦難是老天給的磨練，準備讓他成為大人物的試驗。從所羅門身上我們看到，一無所有、備受歧視的黑人都能用最笨拙的方法成為歷史締造者，那您我又有什麼不可以呢？

從《當幸福來敲門》談銷售技巧

《當幸福來敲門》（The Pursuit of Happyness）是一部改編自真實故事的好萊塢劇情片，該片並獲得 2006 年奧斯卡最佳男主角提名。主人翁是美國賈納理財公司執行長克里斯多佛‧賈納，只有高中學歷的他在推銷醫療用品期間，因為業績不良經濟困頓，導致妻子求去，從此經常帶著兒子求助教會的一夜安住所。此時他在一家證券公司擔任實習經紀人，在二十人只率取一名的情況下，他突破居無定所、照顧兒子、身無分文、種族歧視……等困境，以筆試及業績最佳的成績，正式被率取，並在日後成立理財公司。

該片充滿勵志性，在逆境中越挫越勇的精神令人動容，但主人翁克里斯成功的背後，其實並非只憑藉一股不服輸的毅力，更有其專業與技巧，所謂「外行看熱鬧，內行看門道」，我們不妨來探討一下箇中的銷售技巧。

從陌生 Call 客出發

實習一開始，輔導員便給每位實習者一本厚厚的書，並告訴他們，這就是「聖經」，如果要成功，就要抱著它睡覺，而這本「聖經」就是「電話黃頁」。從此，克里斯和一群實習者便在辦公室裡一個名單、一個名單按部就班的打電話，然後把電訪失敗的名單一個一個的槓掉。

很多人會說，這樣失敗率太高了，要 Call 到甚麼時候才能約訪到一個人？如果這麼想就大錯特錯了！目前國內專門以電話行銷為主或設有電話行銷部門的壽險或銷售公司便不勝枚數，而且根據統計，其收入與一般銷售人員並無差異，可見陌生 Call 客還是客戶開發的主流。其實不只陌生 Call 客，任何開發或陌生開發只要不斷提升 Call 客數，在

「Call 客數＊成功率＝成功數」的定律下，都會展現乘效出來。（Call 客數提升，也會因為訪問技巧改進而帶動成功率提升，所以 Call 客數提升 1 倍，績效提升會大於 1 倍。）

無法拒絕的拜訪理由

機會總是留給有準備的人，有一次克里斯 Call 到一位大老闆，願意等他十五分鐘，等到克里斯飛奔過去時，已經超過十五分鐘，那位大老闆離開了，克里斯的沮喪可想而知！於是克里斯便找一天故意專門去拜訪，門打開時老闆剛好要出去，克里斯便說：「因為上次錯過約訪，所以前來致意。」老闆當然會說一些客套話，克里斯卻說：「沒關係，我也是剛好經過。」

「我也是剛好經過。」是非常高明的一招，因為我們經常會藉故要去拜訪客戶，譬如：送資料、做說明等，但客戶也總是會推諉說：「不必麻煩您專門跑一趟。」這時「我也是剛好要經過，東西拿到我就走了。」便成功的反守為攻了！又如，我們老是約不到客戶，只好藉故去串門子，可是又找不到理由，這時「我剛好經過，順便過來看您一。」便成了對方無法拒絕的好意！而這「一下」便可能成為「一場」會談了。

接觸並尋找共同話題

原來這位大老闆是要出去看球賽，於是禮貌性的邀請克里斯一起共乘前往，身無分文的克里斯一開始有些猶豫，但立即發現機不可失，於是便答應了，也因而有了與大老闆說明的機會，而會有這個機會，是因為他以路過順道致意為由做敲門，而這都是「接觸」。

看球賽時，克里斯認為機會難得，於是便開始推銷，但大老闆卻說：「我很喜歡您，但因為您是菜鳥，所以短期內我不會把理財交給您。」克里斯只好放棄說明陪他觀賽。但因為克里斯和大老闆都是球賽愛好者，所以大老闆對克里斯有好感，因此還是保留很大的可能性。

銷售過程中要推銷出去的，與其說是商品，不如說是業務員本身，尤其面對一位陌生，或是並未預期要購買商品的客戶更是如此！很多業務員在未與準客戶建立情誼之前，就迫不及待地以商品或成交為目的直接切入，恐怕是最壞的策略，客戶此時難免會覺得很煩，甚至產生排斥感！但克里斯因為與大老闆「興趣相同」因而獲得「共同話題」，取得繼續交往的機會，這才是正確的策略，可見滔滔不絕的死纏爛打，不如找到彼此的契合點！

社交場合拓展客群

各位想想，能坐包廂看球賽的，應該都是優質準客戶吧！於是球賽後克里斯非常主動並誠懇的與其他人問候、交換名片，並介紹自己的職業，可能是因為與大老闆同來的關係，大家也都禮貌地回應，無庸置疑的，克里斯因為大老闆的關係認識了一票優質準客戶！

在此要強調的是，克里斯取得轉介紹的時點，並不是成交後，而是第一次會面時，所以「任何時候都可以要求轉介紹」的說法是正確的，千萬不要因為自己的疑慮（我跟客戶還不熟，他不會介紹人給我吧？這樣要求很失禮吧？）而錯過取得轉介紹的機會！此外，請客戶幫我們想名單、寫介紹信，雖然是常用的轉介方法，但多參加客戶聚會和活動效

果會更好，因為在社交場合裡，客戶會禮貌性的把我們介紹給其他人，或我們會有很好的機會認識很多人（當然要主動），而且對方會很自然地跟我們回應、互動、交換名片、做初步的認識、留下印象，並認定您是某某人的朋友，因而建立初步緣故感，見面三分情，威力不可小覷，連請客戶幫我們想名單、寫介紹信，然後再去一一初訪的動作都省了！

結論：鬥志才是根本

本片雖然表現出一些值得學習的銷售技巧，但最主要的還是主人翁的鬥志，因為他窮困潦倒有非贏不可的壓力，所以必須咬緊牙根跨越重重難關，成為最優秀的那個，才能生存下來，如果缺乏這種鬥志，縱使擁有一身絕技也是枉然，所以回過頭來還是要強調：萬般武藝，不如一股鬥志！

▍第 36 講
銷售之王前傳

業務員大多聽過《敗部復活》這本暢銷全世界的推銷巨作，作者富蘭克・貝吉爾（Frank Bettger）被尊稱為「全美國最優秀的推銷員」，更真確的說，他被世人譽為「銷售之王」，他的故事和銷售方法至今仍然播廣泛採用。

從谷底爬起

富蘭克・貝吉爾原本是一位州際聯盟的職業棒球隊員，但表現普通，所以離開棒球隊，因為沒有良好的學歷和專長，所以只能做收帳的工作，這讓他覺得十分難堪，好似一位舞台上的明星突然變成舞台下收拾場地的小弟。

有一天他竟然被一位在保險公司擔任副理的討債對象增員，對方欣賞貝吉爾相貌堂堂，關心的詢問他的收入，並且認為他不應該一個禮拜僅有十八美元的收入，所以介紹他到公司跟經理面談。

該經理十分能言善道，一個小時後就令貝吉爾想要當場簽約加入該公司。但經理還是滔滔不絕的講著，他的聒噪實在令人難受，貝吉爾開始討厭他；最後經理講到晚上六點，貝吉爾下定決心再也不要見到這個人。

但貝吉爾想從事壽險業的決心已經奠定了，所以他找昔日的朋友，一位體育學院的體委會主席，他同時也是保險公司的秘書，經由他的轉介紹，貝吉爾正式成為壽險業務員。

但故事往往不會這麼快就圓滿落幕，貝吉爾的際運也一樣，一開始

他列出三十六個緣故名單，他內心掙扎了好久，遲遲不敢去拜訪，後來終於硬著頭皮去拜訪第一個客戶，這時與他在訪客辦公室擦身而過的那個人，竟然就是同業的業務員，他剛收走了支票——「如果你早十分鐘來，這筆生意一定給你！」客戶說。

接著的三十四個名單全部「槓龜」，沮喪的貝吉爾心想：「要離職，也要拜訪完最後一個客戶吧！」但是，名單中最後的這位準客戶在貝吉爾幫他檢視保單並提出新的商品組合建議後，竟成了他人生中第一位保戶，也開啟了壽險之王的王者之路，那年貝吉爾二十八歲！

人生中的玄機與省思

這只是富蘭克‧貝吉爾傳奇的「前傳」，但已足堪細細探討其中蘊含的道理。

一、機會總在絕望時被緊握

一帆風順的人，因為際運順利，所以不會「思變」，此時縱使有大好機會出現在面前，也會被漠視而消逝，因而生涯不會出現重大轉折，人生也就如此過了。而際運平平的人，因為害怕改變產生的不確定性，因而寧願守著餓不死但也好不了的生活，人生也這樣過了。

但相反的，際運不順的人，面臨生存的壓力，這時任何可能，對他而言都是契機，所以機會就會被緊緊抓住，反而因為掌握到轉機而展開人生的新境界！所以並非機會總在絕望時出現，而是絕望時人才會積極抓住機會。

貝吉爾在窮苦潦倒的時候（一周只有十八美元收入）選擇進入銷售業，給自己一個翻身的機會，也成為歷史性的人物！目前我們社會上也有許多這樣不如意的失業者、退役者、低收入者，乃至茫茫不知何去何從的人，這些人都不該放棄自己，也不該被我們放棄，增員他，給他們一個機會，誰又知道，他不是下一個銷售之王？而對於那些餓不死但也好不了的人，同樣的，也應該給他們一個機會改變人生。

二、結果總在最後出現

貝吉爾在拜訪到最後一個名單時仍未成交一位客戶，但他卻未放棄，還告訴自己，要離職也要拜訪完所有的客戶，結果最後一位客戶真的成交了。很多人會說：「奇蹟總在最後出現。」其實並非如此，而是之前的努力已在無形中增進功力、為日後的成功埋下種子，或者讓我們得到經驗與教訓，比如貝吉爾的第一個準保戶因為他的膽怯遲疑而以一之差失之交臂，但也因而讓他深刻體悟遲疑之痛！

所以結果（而非奇蹟）往往在最後出現，它是先前所有付出的累積，而非運氣，世上沒有不勞而獲的奇蹟，只有「天道酬勤」和「堅持到最後」，半途而廢是最可惜的，因為之前的努力全白費了。

三、肯定給別人信心，也給自己機會

增員貝吉爾的人不是別人，而是他的討債對象，可見這世上沒有誰是不可增員的！我們經常自己先陷入一個窠臼：「這個人因為000所以不可能，那個人因為XXX也不可能，至於其他的，唉，也都別說了！」就這樣，準客戶或準增員對象都先被自己的主觀意識刷掉了，甚至連面

談也沒有，最後連自己也被自己刷掉了！

不要凡事預設立場說事情不可能，給別人一個機會，也就是給自己一個機會，開口探詢一下、應酬一下、嘗試一下，並不須花很多時間，卻說不定就「峰迴路轉」了！

增員貝吉爾的人稱讚貝吉爾相貌堂堂，並關心他的收入，這或許都只是職業性的應酬話，但對一個正在落魄的人而言，卻無疑的是一劑強心針！事實上，每個人都有他的優點和特質，如果我們可以真心欣賞他人的長處，誘使他發揮所長，並讓他由成功中逐漸建立信心，進而不斷茁壯，不但成就了別人，不也成就自己嗎？

四、聆聽，勝於口若懸河

面談貝吉爾的經理是一位「超級口才王」，但一位銷售之王卻在他的說服中痛下決心不要再見到他，為什麼？他口才很好，卻完全不懂聆聽，只會滔滔不絕的講者，完全不理會別人的感受，遑論會透過他人的行為、表情變化來解析對方的心理。

銷售業有一句名言：「贏了辯論，輸了客戶。」一個口才好的人適合去當律師，卻不適合當銷售員，同樣的，不論是銷售還是增員，我們都應該盡量多留空間給對方讓他發表意見，因為只有這樣，我們才能確切認清這個人的本質、個性、想法、需求，乃至更多的個資，而這才是我們要的。而相對的，對方也才會因而認為您是一個善於體諒別人、有寬容心、能讓他人自主的人，這樣對業務活動才有幫助。

結論：天將降大任於斯人

　　如果您或您的朋友正遭逢逆境，那其實也是人生要開始轉變的時候，如果他痛定思痛、用盡全身力量放手一搏，那就是人生開始向上轉折之時；如果怨天尤人、自暴自棄，那也是「人生股」要下市的時候。但不管怎樣，您應該提攜自己一把，也應該提攜別人一把，克盡度人度己的任務！

走過最初艱難的歲月

　　榮獲公司環球會議主管組與個人組雙料獎項的宋經理，原本是一名白衣天使，後來轉行到保險業，繼續從事照護人們的工作。宋經理說，對她而言，銷售是一項最困難的工作，在從事初期，她因為感覺備受委屈而哭過好幾次，也因為沒有客戶而萌生退意，但如今卻成為得獎常勝軍，她的成功經驗足堪銷售業新人借鏡！

給新人寶貴的一席經驗談

　　跟一般初入銷售業的新人一樣，宋經理面臨客戶不足的情況，因而備受壓力，在銷售路上徘徊，幾度思考是否要繼續走下去，但一個觀念的轉變，卻讓她豁然開然，從此步上坦途！

　　宋經理說，客源不足根本不是問題，因為每個人隨便都可以列出一百多名潛在客戶，問題是有沒有勇氣去接觸經營？有沒有從服務開始著手，讓客戶認同我們的服務、肯定我們的功能？如果連第一步都踏不出去、唯唯諾諾，或急於促銷，那當然會鎩羽而歸，所以要改變的是自己的心態！

　　於是宋經理改變態度和想法，不再怯懦，也不再急躁，她回想自己的初衷，當她還是一個護士時，看盡現代社會隨時充滿死亡、意外和疾病，如果沒有保險保障，人們如何規避這些風險，維護身家的安全和幸福？有了這樣的信念後，她產生了承擔的勇氣和力量，也因為找到滿足客戶需求的切入點，而能更順利的和客戶有共同話題，並且讓客戶肯定她的價值，擺脫過去人情交易的窠臼！

　　宋經理說，銷售人員一定要有正面而積極的思想和形象，從事銷

售不是為了錢，也不是因為沒有工作，所以才來這邊「混」，如果客戶有了這樣的感受，那麼你在試試看，他也在試試你，根本不會肯定你！但相反的，如果銷售人員表現出強烈的熱情和專注，這樣的精神反而會感動客戶來支持你！宋經理補充說，當時有一些無人服務件，因為客戶大多是小額或「奧客」，所以沒人願意接手，但她主動爭取服務這些客戶，就是顯現業務員的熱情態度！

宋經理接著說，大多數人，尤其家庭主婦剛進來銷售業時，經常人脈不足，只有幾位姊妹淘，算一算可以支持的人差不多只有五個，她當時面臨的也是同樣的情況。但，卻因為她的態度和勤勞讓這些人認同，覺得應該支持她，所以紛紛介紹客戶給她，因而呈現幾何拓展，變成現在龐大的客戶群。

「當遇到挫折時，務必尋找主管和前輩協助，請他們輔導和安慰，千萬不要一個人獨自承受，這不是脆弱，相反的，是為了繼續勇敢走下去所必須做的 PEP（績效評估與輔導）！如果沒有人可以討論缺失、相互慰藉，銷售這條路會走得很艱辛，所以要感謝一路相伴的人，不要成為一隻孤鳥！」

銷售是藝術，不是強勢

談到為何有人成交率高，有人成交率低，其中技巧差異到底在哪裡？宋經理笑著說，這還是態度的問題。她說，現在有很多訓練有素的年輕業務員，形象好、專業佳，口才更是一級棒，遇到客戶便滔滔不絕，讓人無法招架，但成交率卻不見得高，因為他們態度太強勢，姿態太高、心態太急！宋經理自謙的說，自己不擅言語，所以只能「少動口多

用心」，經過多年的磨練和檢討後，她深深理解，銷售是一門「藝術」。

首先，應該順應客戶所好注意聆聽，但聆聽不只是聆聽，而是運用觀察力發現每個人不同的需求，需求是因人而異的，沒有注意聆聽怎會知道客戶需求何在？接著，在適當的時點切入話題，這時也要有敏銳度，但如果我們談的是滿足客戶需求的議題，那麼客戶大多會有興趣；最後，當客戶覺得我們的專業可以依賴，態度值得信任，服務讓人滿意，成交便水到渠成了。

此外，宋經理的第二專長也在銷售上給她很大的助益，護理系畢業的她，經常提醒客戶應該如何自我注意與防護，也會在理賠時提醒客戶如何做後續的保健和醫療，乃至追蹤客戶的健康狀況，給予適當的建議，不但讓客戶覺得「足感心」而且還「足放心」耶！可見第二專長是一件寶物，應該懂得好好運用它來服務客戶，提升自己的附加價值，和被利用的價值！

結論：態度決定勝負

或許新人覺得創業維艱，老鳥覺得守成不易，尤其在這個景氣呈L型谷底停滯的時候，更有舉步維艱之感，但宋經理卻說，不管環境好不好，自己的內心都要是光明的，不斷累積正面的能量，將負面的能量釋放出去，誰的心中有陽光，誰就是勝利者！宋經理已經用正面的態度勇敢的走過那段艱辛的歲月，她也祝福每個人，都在銷售路上持續發光發熱，照亮更多人！

克服挫折迎向成功的新人王

年輕、漂亮的侯主任從大學畢業才兩年，之前只有八個月銷售經驗，仍謙稱還是「新人」的她，卻創造了傲人的成績，成為公司年度最佳新人。年輕的新人定著率普遍偏低、業績不穩定，但她是如何克服這些障礙，成功達陣？值得我們學習效法。

跟對的主管重新出發

感恩的侯主任說，她之前在同業的經驗就跟很多年輕人一樣是挫敗的，但她卻在新公司找到重新出發的契機。她很感謝帶她來銷售業的潘處經理，在潘經理身上，她學習到了「大器」，看事情的角度、做事的方式，都應該有更大的格局，更遠大的眼光和思維，這使她克服了之前的挫折，堅定了自己要挑戰未來的企圖心。

此外，她也在直屬主管劉經理身上學習到業務人員應該有的「魅力」：熱情、誠懇、將客戶當成朋友、耐心的對待客戶的拒絕問題。這也影響了侯主任的態度，使她學會 EQ 管理和正向思考，並因而產生更積極的力量。

侯主任認為，主管以輔導替代逼業績，講究人生成長而非業務數字，使她從原本「做業務」的痛苦深淵中解脫出來，取而代之的是「生涯學習和成長」，現在上班對她來說，每天都是很快樂的事。所以她認為，到銷售業，是來到對的地方、遇到對的人、碰到對的環境、找到對的舞台。

一般年輕新人一定會遇到的問題便是：囿於社會經驗的侷限，以致緣故客戶數不足。侯主任也遇到類似的問題，但他堅持從有限的緣故名

單裡要求再轉介，並樂於結交新的朋友，青春洋溢的她認為，這樣也是「商品生活化」的一種方式。認識了新朋友後，不要急著談商品，而是以朋友的方式關懷、了解對方，進而知道他的需求，接著再以顧問式行銷的方式幫對方做生活規劃，讓對方感到滿足。

侯主任說，以往的挫敗來自於主管太急著要業績，逼得她們都需直接以商品銷售來切入，使得自己和客戶都非常排斥，現在明白了「商品生活化」和「顧問式銷售」的真意後，不再覺得銷售有壓力、推銷要求人，相反的，還體悟到商品為人帶來保障和幸福的意義。

年輕有青春的特質

不過，侯主任說，其實客源也還不是這麼穩定，一週的行程大約只能排到八分滿，這時她就會去做 DS（掃街），雖然 DS 很辛苦，而且成效不好，但她總將它當成是一種膽識訓練，而且在辛苦了一天後，還會去吃個冰，慰勞一下自己，並樂觀的告訴自己要堅持下去。除了DS，侯主任也會隨同主管一起訪客，看主管們是如何和客戶互動，並從中學習到更多的實務經驗和知識，這也是她能快速進入狀況的原因之一。

「就是不要回家！」侯主任說，很多人在沒有客戶可訪的情況下，往往就躲回家裡睡覺，或去泡網咖，這不但是一種逃避，同時也會使問題更惡化，所以應該去找朋友或參加活動，這樣新的機會自然就會產生。

為了落實「商品生活化」，年輕的侯主任還去參加彩妝課程，除了

滿足自己的興趣,讓生活更多采多姿外,這項技能也成為她接觸客戶的開門話題,所以保險不是死板板的工作,讓自己更豐富,才能讓工作更豐富。

曾經有一位好朋友,在侯主任向他推薦商品時,卻拋出一個拒絕問題:「您能做多久?」當時侯主任跟很多新人一樣,對自己能做多久也沒把握,但她在心裡告訴自己,一定要做給他看!後來這位朋友感受到侯主任的成長、對工作的熱忱,以及對朋友不停止的關懷,深深的認同了她,並支持她繼續走下去,所以成了侯主任的第一個客戶。這件事讓侯主任非常難忘,除了感念友情的可貴外,也深深感受到,肯定自我、熱愛工作、追求成長、關心朋友,這樣的實際行動才是獲得別人支持的關鍵。

結論:樂在工作中,愛在生活裡

對於侯主任來說,她把年輕的熱情、真摯、對未來的期望,加上正向思考和追求榮譽的意識轉化成無窮的力量,把挫折化為考驗,將銷售當成生活,樂在工作中,愛在生活裡,讓自己發光,也讓世界得到幸福。

以同理心做銷售

　　年收入破兩百萬的陸經理之前即有九年外商投資理財的管理經驗，但在想要創造更高利潤的決心下，選擇業務之路重新出發。

勝在勤於做功課

　　陸經理面臨了第一個問題：客戶在哪裡？於是他把準客戶名單列出來，並經過年齡、背景、收入、熟悉度等客戶分析後，篩選出目標客戶進行拜訪。而他在輔導屬員時也是用同樣的方式，業務人員經常面臨客源不足的情形，這時一定要勇於從緣故出發，並且敢於請求再介紹，這樣才能確保有充分的準客戶數。

　　但成功並非偶然，陸經理能有效的締約成功，歸因於他勤做事前功課，以及有卓越的專業知識。陸經理舉例說，他有一位準客戶，是一位主任醫師，他先分析他是屬於保守型的人，所以應該介紹保本、保息的商品給他。但該醫師卻認為，這個商品 2% 利率太低，並舉例說，他現在手上有一支美國債券基金利率是 6%。

　　於是陸經理回來後便努力的做功課，並得到一個結論：基金淨值是浮動的，當初客戶買到最高點，所以折算回來，利率其實並不高；而且匯率是浮動的，所以有匯差風險，因此客戶不見得能保值。客戶接受了陸經理的看法，決定向他購買推介的商品，於是陸經理便用「三擇一」法，問他要購買三百萬、五百萬或一千萬。

　　這點也很值得業務人員參考，因為一般從業人員總不敢開口請客戶買高額度（甚至反問客戶要買多少），這不但無法滿足客戶的需求，也未克盡銷售人員的職責。

貼身服務，發現缺口

後來客戶決定要購買三百萬，可是又後悔只願簽約一百二十萬。陸經理便深入去了解原因，原來是客戶股票被套牢，於是陸經理便取了客戶的股票資料，去和一位專業營業員討論，幫客戶做財務組合健檢，結果發現客戶應該清除一些體質不良的股票，並將清理後的資金置於保本保息的商品，於是交易量又恢復到三百萬。

之後，客戶抱怨道，他是「股票孤兒」，於是透過陸經理的轉介幫他找到一位新的證券營業員，在幫客戶轉移股票時，又幫客戶做了一次更徹底的理財健檢，並清理出五百萬元游資，又全部投入保本保息的商品。

陸經理說，就是要有同理心，才能善盡管理客戶資產之責，此外，也必須具備豐富的專業知識，才能解決客戶的問題，他本身即受過顧問式銷售訓練、有豐富的投資理財專業，所以能接觸頂級客戶，販售高額度。

除了用同理心對待客戶外，陸經理還是位真正的「善心人士」，他參加 OO 福利慈善基金會，為街友與老人提供服務，最近還幫屏東 OO 國小清寒學生募集教育經費……。他說，行善不但不會排擠做業務的時間，相反的能認識更多朋友，在推廣的同時，也能獲得更多轉介，更重要的是，行善已經是他生命中的一部分，就像把福利帶給別人一樣，他也因而更能體悟生命的意義和快樂。

此外，陸經理也強調單位感情卻的融洽，比如公司競賽公佈後，他

就號召夥伴相互約定要一起成行，並約定到時要住在一起，如同家人般的感情，真是叫人感動，同時也在無形中形成一股相互鼓勵、牽引的力量！

結論：讓成功受到大家祝福

談到未來的願景，陸經理謙虛卻又自信的說，他人生的目標是成為 Super Sales，年收入破五百萬，這樣便能支助更多的窮困的人。我們相信，這樣充滿同埋心、慈悲與勤奮的人，他的成功，一定會受到所有人的祝福！

一年勇奪會長的香奈爾小姐

古經理到新公司任職不到一年,即勇奪「業務大會」后座,取得「會長」殊榮,美女會長格外引人注目,但這份榮耀卻絕非得來偶然,而是經驗與努力的累積!

每個贏家都曾經是新人

古經理擁有豐富的社會歷練和保險經驗,曾經擔任過香奈爾專櫃櫃長,也有 16 年的銷售經驗,這些豐富的養分,造就了今日的輝煌。但,「要怎麼收穫,先怎麼栽。」今日光芒的背後,也見證古經理一路走來的艱辛,因為每個成功的贏家也都曾經是位懵懂的新人!

當初在擔任香奈爾專櫃櫃長時,古經理發現有一個人總是在百貨公司活動,一經詢問,才知道他是位業務員,他鎖定這裡的櫃員小姐為目標對象,在想要創造更高利潤的驅使下,古經理於是開始跟隨他接觸。起初她採用兼職的方式,但發現這樣績效無法有效展開,於是便毅然從香奈爾小姐變成專職銷售業務!

就跟很多新人一樣,一開始總是會面臨「客戶在哪裡?」的困境,古經理說,把準保戶名單一一列出來,依照年齡、收入、交情……等各種情況排定各戶等級,然後確實拜訪。到了今日,古經理坦承還是會遇到名單短少的情況,這時候就一定要勤於拜訪老客戶,因為在拜訪的過程中會遇到新的準客戶,同時也可以請協力者轉介紹。

古經理很關心初入社會的年輕人,她說,社會新鮮人人脈較弱確實是個事實,所以主管應該多去拜訪年輕屬員的家長,讓他們了解並認同商品,因而樂於將自身的人脈傳承給子女,家人的支持非常重要,如此

年輕人才容易進入狀況。

態度決定成敗

　　能夠在極短的時間內屢創佳績，古經理說，最重要的是態度，要有創造紀錄的企圖心！譬如，公司推出獎勵政策，那麼首先就是要有勢必達成的雄心，因為信念就是力量，如果沒有達成任務的堅強意念，就沒有行動的驅力！再來就是要做好「目標規劃」，依公司競賽的達成額和截止日，計畫好每個階段的達成率。接下來，就是要制定「執行方案」，過濾每位準客戶名單，依其特質、屬性、經濟狀況等，制定好銷售的商品和拜訪的計畫。在拜訪的過程中，當然會遇到挫折，但曾創下公司最高銷售紀錄的古經理表示，「拒絕其實是我們下次再去拜訪客戶的理由！」因為客戶有問題、有疑慮，所以我們才有再去找他說明的機會，可見業務員的「轉念」是何等重要！

　　此外，一位優秀的業務員一定也是配合公司活動和教育訓練的人，這是古經理深刻的體會，想必也是很多業務員應該要有的認知！她說，如果因為業績好，就不配合單位或總公司的活動，那麼便是一位孤獨而不好管理的人，這樣的人不但為單位帶來困擾，也會無形中被團體邊緣化，缺乏同儕的支持和鼓勵，行動的能量便會日愈降低，最後也難逃業績下滑的命運！可見古經理不但在業績上有卓越的表現，在行動上也是大家的楷模，業績好，行為品德也必須良好，如此才是「德術兼備」的專業推銷人。

用感恩和責任克服挫折、展望未來

銷售人員一定會經常遇到低潮，一路走來總是光鮮亮麗的古經理是否也有沮喪的時候？答案當然是肯定的，那她如何克服挫折？古經理說：感恩和責任。感謝一路走來，這麼多支持她的客戶，如果沒有他們的疼惜，就沒有今日成就，同樣的，為了這份恩情，遇到挫折時，便告訴自己必須堅持下去，不能辜負他們的期望，更不能放棄當初對他們的承諾。

　　對於未來的展望，古經理除了期許自己能再度蟬聯會長外，更期待自己也能成立單位，曾擔任同業育成主管的她可能是位嚴學勤教的主管，但對屬員的關懷與愛卻深深藏在心中，她會將經驗與資源傳承給屬員，教導他們做職團開發，並教導他們演練話術與技巧，然後陪同他們一起訪客。

結論：一步一腳印，成功非偶然

　　未來展現在古經理面前的路是如此璀璨，我們都相信，她一定能創造出更輝煌的歷史，但這不是偶然，而是用樂觀和積極一步一腳印走出來的，同樣的，您也可以是下一位頭戴桂冠的閃亮之星，不是嗎？

成功的力量來自於「愛」

近五十歲而仍然每天勤奮跑客戶的胡經理不負眾望，再度奪得業務主管組第一名的殊榮！

自從公司專案競賽啟動後，單位發動全體總動員，每日在單位主管「鵝媽媽」的鼓舞與激勵下，全體人員都處於精神抖擻的作戰狀態，胡經理也積極的陪同、關懷部屬，在一股作氣下，第一個月便達成個人組和主管組目標。胡經理謙虛的說，這全歸功於公司的專案具激勵性，單位鬥志旺盛，以及夥伴有志一同，所以能快速達陣成功，最重要的是，完成對「鵝媽媽」的承諾。

熱忱不問回報　關愛總擺第一

在這次競賽中，也發生了一件令胡經理相當欣慰的事。胡經理有一位協力者，協力者有一位朋友，她八個月大的孫子罹患了腳踝結核病，必須從宜蘭到台北榮總就醫，但不知如何前往。雖然這位阿嬤並非客戶，但胡經理仍基於關懷的態度，義不容辭的送祖孫倆到台北就醫。孰知到醫院後暫無病床，於是胡經理便將抵抗力弱的小孩留在車上親自照料，並開冷氣讓小孩舒服的休息，以便長輩去辦理住院手續並等待床位，如此折騰了兩個多小時後，才順利住院。

期間聊天時，這位阿嬤主動聊起胡經理銷售的商品，瞭解之後覺得很有益處，而且為了感謝胡經理不求回報的服務，所以就下了大單，這次成交就成為此次競賽中的最大業績。胡經理說，銷售業一向給人比較勢利、業績至上的感覺，但其實只要用愛關懷週邊的人，久了便會彼此建立感情和信任，甚至當他有事時，會第一個想到向您求助，這就表示我們成功了，因為我們是透過「愛」來幫助別人、幫助一個

家庭，也成就自己，這個出發點、意義和感受是完全不同的。

從排斥推銷　到第一名主管

胡經理於民國九十三年五月進入銷售業，雖然資歷並不太長，卻拿下本次競賽主管組第一名，表現優異令人激賞，但她卻笑說，自己當年很排斥銷售，甚至也當過業務逃兵。是怎樣的轉折使她的人生產生如此戲劇性的變化？

當年胡經理剛結束早餐店的生意，計畫另謀他職，此時已有兩三家銷售公司向她增員，但她認為業務必須求人，所以並無好感，因而都推辭了。後來有人邀請她到公司看看，她也只是抱著應付的心態前往，但誰知到了公司後，卻被職場溫馨的氣氛，和「鵝媽媽」的自信和專業魅力所深深吸引，當下就決心投入。

但兩天後，因為自信不足，胡經理又後悔了，所以便當了業務逃兵。可是老天冥冥之中自有安排，沒多久，胡經理的媽媽因病住院，此時同房隔壁床的一位女病人才四十出頭歲，卻罹患腦瘤，她和先生辛苦了半輩子眼見才要苦盡甘來，卻又被一場無情的病魔給打倒了！這時胡經理心酸的感悟到人生的無常，於是不斷思考人生到底要怎麼過？這時胡經理的媽媽告訴她，人生總要給自己機會試試，不然就虛度此生，加上「鵝媽媽」從未放棄保全她，所以胡經理便回到公司，這個她當初選擇的「家」。

結論：愛責任榮譽，愛您的選擇

回到公司後，事業並非一帆風順，胡經理經歷了業績不穩定、屬員流失等業務人員都會遇到的挫折，但這時有三十年銷售經驗的「鵝媽媽」卻不斷在身旁鼓勵支持，並不放棄要她晉升區經理！胡經理受到這樣的賞識和知遇，心中有無限的感恩，她覺得自己是被疼愛的，所以絕對不能辜負愛她的人！從此她在「鵝媽媽」嚴厲的要求、教導下，更產生榮譽和責任的意識，不管遇到任何挫折她都會轉換情緒，告訴自己要相信選擇、認同生命、並將挫折視為成長必經的過程，同時，她也不斷告訴自己，「相信」會產生力量，相信公司、相信主管、相信夥伴、相信客戶，相信當初自己的抉擇。

　　胡經理的故事正告訴我們，永不放棄對愛的堅持，才是成功最大的力量。

第八篇

陽光盟約：
業務員三大守則

任何的專業與技巧

最終都必須回到基本的原則上

那大多是有關道德的

德者得也

無德者最後都會失去

銷售第一法寶

2010 年十二月號《現代保險雜誌》調查「業務員值得被推薦的重要條件」，結果「服務態度佳」以 88.9% 勾選率，遙遙領先其他條件，可見「服務態度佳」無疑的是銷售的第一法寶。

業務員值得被推薦的重要條件

名次	條件	勾選率
1	服務態度佳	88.9%
2	專業素質高	71.7%
3	品德操守好	67.7%
4	保險年資較久	28.8%
5	不隨意跳槽	21.0%
6	教育程度高	9.3%

資料來源：《現代保險雜誌》2010.12

服務是銷售的敲門磚

我曾經接受過一位友人對某業務員的抱怨。朋友是一位小禮品供應商，經常於各公司行號出入。在一次訪客中他遇到一位業務員，業務員便以介紹客戶給他為由約友人明天下午見面。

但隔天友人到達後，業務員一開始便說：「大哥，請您給我十分鐘，讓我跟您說明商品的真相。」友人有強烈的受騙感，因而有些不悅，但還是耐著性子的說：「我本來就是用戶，不需再浪費彼此的時間了吧。」

但該業務員仍像背書一樣滔滔不絕的搶著講，不理會友人臉色已經

開始變化，過了一會兒，友人終於按耐不住性子說：「我也是做業務的，我覺得您的主管沒把您教好！」這場「欺騙式初次約訪」便不歡而散（您還在用欺騙式約訪嗎？千萬不要再用了）。

事後友人對我說，如果當初業務員真的有介紹幾個名單給他，或帶他拜訪單位主管推薦禮品，不管有沒有成交，他都會對那位業務員心存感激，對業務員的商品推薦也不會如此反感。

這個實例告訴我們，欺騙式或直接切入銷售並非最好行銷方式，服務才是銷售最好的敲門磚，因為透過服務，我們跟準客戶建立了友誼、贏得他們的信任、獲得他們的感激，如此轉「陌生」為「緣故」，才能順利進行後續的行銷。

服務讓價格升值或貶值

「價格」是客戶實際付出的金額，「價值」是客戶覺得商品應該值多少錢，譬如，有人覺得「上了賊船」，認為商品根本不值這個價錢，這是「價格＞價值」；但有人覺得「物超所值」，賺到了，買到便宜貨，這是「價值＞價格」。服務業的情況都一樣，客戶相同的「價格」付出，卻可能得到不同的「價值」回饋，而這個升值或貶值，便是客戶會不會購買、再購買、轉介紹、成為協力者的原因，而其關鍵便在廣義的服務。廣義的服務包含本文探討的服務的動作，以及下文要談的專業上的服務。

服務三階段

現在普遍是一個買方市場（客戶擁有交易決定權），所以廠商無不強調服務至上，而推銷業又更是一個絕對的買方市場，因為推銷不是客戶因為有需求而自動上門，而是業務員主動去接觸客戶，所以客戶會有防禦性甚至排斥性，因此「解除心防」便成為首要工作，而「服務」便是「解除心防」的利器。服務有售前服務（如：預售屋）、售中服務（如：餐飲）、售後服務（如：電器），而銷售服務跟其它服務不一樣的地方又在，它的服務是涵蓋三階段的。

1．售前服務

需要推銷的商品往往並非「民生必需品」或消費者一看廣告或招牌就會自動來購買的流行商品，因此，推銷時接觸客戶的秘訣，便不是從商品介紹著手，而是從生活服務著手，以朋友的立場伸出熱情的雙手協助準客戶解決各種困難，這樣，他便會認同我們的人、認同我們的工作，也認同我們的商品。

同樣的，單位或幾個人聯合起來，一起做社區或公益服務，民眾看在眼裡，以後這裡的區域開發就容易上手了，而非招牌在哪裡擺久了，民眾就會認同。同樣的，公司廣告做得再大，也只是增加知名度，最終還是需要銷售人員去做親身的售前服務才能讓客戶產生認同。

2．售中服務

現在是專業時代，很多人可能買了基金、保險、高科技產品……，可是卻不見得知道自己到底買了什麼，而這個知識的隔閡，也是客戶對購買卻步的主因之一。所以售中服務最主要便是在「教育客戶」（您是

顧問）對商品的瞭解，同時也在幫客戶釐清自己的真正需求。但要完全弄懂一個專業不見得是一件快速的事，所以要嘛，您必須很有耐心，不然嘛，就必須取得客戶的信任，將規劃委託給您，就像我們信任律師或會計師一樣——而通常，耐心與信任都必須要有。

就推銷員來說，售中服務可能會是一段不算短的歷程，因為客戶會在前兩三次服務就購買的機會不高，但很多業務員卻經常在兩三次促成失敗後就不再去拜訪戶了，這就是還一直以成交為思考，而非以服務為思考的症狀，如果是以服務為思考，就不會因為客戶不購買就不再去拜訪了，所以說，「真心的服務熱忱」很重要，原因就在這裡，同時從這裡也可以看出業務員的心態是否正確。

售中服務雖然開始強調商品，但對生活服務還是不能鬆懈，必須持續的進行，因為生活服務是我們接觸客戶、贏得客戶信任的方式。

3. 售後服務

售後服務從成交的那一刻開始，而且「一句承諾，終生朋友」，如果您覺得這樣壓力很大，那在業務員「信義」價值上的認知還很缺乏！縱使有一天您可能不在這裡工作了，但還是可以幫他做售後服務啊，這不就是我們一直強調的「真心的服務熱忱」嗎？如果您認為，離開後就交給別人了，關我何事？那很明顯的，您是一個佣金導向，而非服務導向的人，如果不能改變思考方式，那就要思考自己是不是適合當業務員！何況，所謂「山水有相逢」，誰能保證以後都不會再麻煩以前的客戶？所以從這裡也可看出一個人公關人際和將來成就的高低。售後服務大約還可以依時間分成幾期：

1) 首次遞交

　　第一次拿到商品或合約書後，一定要親自遞交，而其目的是再次跟客戶確認他懂得使用商品、瞭解本身的權益，同時 MEMO 重要資訊，以隨時提醒客戶，讓客戶覺得是很安心的拿到商品，而非拿到商品後反而開始覺得很忐忑，不知自己是否下了一個正確的購買決定。

2) 鑑賞期

　　〈消保法〉規定拜訪推銷有七天的鑑賞期，如果客戶不滿意可以要求全額退費，我們在鑑賞期間加強服務客戶的目的除了希望保全交易外，更是因為客戶剛拿到商品是最不熟悉的時候，所以必須加強請問他使用的狀況，並輔導其上手，讓他充分運用商品的好處。

3) 定期服務

　　在往後的歲月，我們仍必須定期親自或電話回訪，瞭解客戶的使用狀況，並探詢需要服務的地方，有任何活動與資訊也要告知他們，而最大的收穫其實是業務員，因為每次都從這裡再交易、獲得轉介紹的機會。

結論：交朋友，還是做業務？

　　服務必須出自內心才能讓保戶真心感受，否則難免會讓人覺得業務員只是要賺取佣金而已，而要做到真心服務，必須先確認自己有足夠的熱情、愛幫助他人、喜歡交朋友、樂於分享、成就來自別人的肯定而非

金錢。如果具備這樣的「人格特質」，就是天生的超業人才，會自動自發，甚至有點雞婆的對人伸出友善的服務之手，更重要的是，他會對業務工作樂此不疲，毫不厭倦；反之，如果沒有這樣的特質，現在就必須開始產生感悟與認同，並積極培養服務態度和熱情，如此才能走向愉悅寬廣的業務之路。

做業務，更是在幫助別人；經營客戶，更是在交朋友；做事業，更是在累積人脈和善緣。交朋友，還是做業務，彷彿只在一線之間，而其中的關鍵便是－－真心服務。

受人尊敬的銷售顧問

「服務態度佳」是業務員的第一法寶，但很多人充滿服務熱情，可是最後還是會有點無奈的覺得，自己好似客戶的雜工一樣，盡幫客戶忙一些瑣事，而最後成交和轉介紹的原因也是「人情」，似乎並未吻合當初投入銷售業的初衷。這關鍵因素便是：專業不足，所以無法成為客戶真正的銷售顧問，為客戶創造價值，因而淪為客戶的臨時幫傭。所以「專業素質高」便是業務員贏得客戶的「尊敬」的關鍵因素，譬如我們對會計師、律師不是都心存敬意嗎？

逆水行舟，不進則退

我以前曾遇見一個單位邀請講師來教授專業課程，但有三五個同仁卻聚集在樓梯口抽菸、喧嘩，我問他們為何不進去聽課，他們打哈哈說待會兒就進去了，後來我特別注意這些人，他們都是進來教室簽到後一下又藉故跑出去了。於是我詢問單位主管這幾個人的業績狀況，結果清一色都不好。過了一年我又問起這幾個人，結果全都離職了。

離職了，不意外，因為從他們的學習態度就可以看的出來了，現在是一個商品專業化的時代，各種商品越來越複雜、要考的證照也越來越多，如果沒有專業知識，根本無法在任何行業生存。此外，客戶的素質也越來越高，提出的問題也越來越專業，如果專業不足屢被客戶問倒，不但無法成交，自己也會備受打擊，最後便會帶著傷害離開市場。

值得一提的是，這些不認真學習因而專業不足、沒有競爭力，因而業績落後甚至面臨考核的人，卻經常把問題歸咎給單位主管管理不良、內部教育訓練不足、公司商品沒競爭力等，以便「理直氣壯」的掩飾自己的心虛和被別人的詬病。但試問，為什麼別人做的起來，他不可以？

問題是出在別人還是自己身上？

專業不足，害人害己

專業素質與教育程度並不相關，在一次調查中指出，「教育程度高」僅佔被推薦條件的 9.3%。專業素質包括「銷售技能」和「專業知識」。

1. 銷售就是專業

很多人錯誤的以為，專業的人做研發或行政，沒專長的才做銷售，真是大錯特錯，沒有專業銷售，研發的結果都是枉然，也不需要行政人員，而且「銷售」本身就是一門專業，那些說銷售不需要專業的人，何不賣個東西給大家看看？

「銷售」本身就是一門專業，所以必須熟練各種銷售流程和技巧，在公司裡先學好功夫再下山，免得鐵羽而歸。包括，初入銷售業，那裡尋找客戶？如何經營和管理客戶？如何製造第一次拜訪的理由？如何讓客戶接受我們？如何讓客戶對商品產生興趣？如何分析客戶需求？如何組合商品？如何處理客戶拒絕？如何促成？如何服務？如何轉介紹？如何管理活動？（這在本書都有提及）這些銷售流程和其中每個步驟細節就跟製造流程一樣，必須嚴格遵守，否則亂了譜，便會影響生產質量，一些業務員對這些技巧囫圇吞棗、不能精確了解與掌握，基礎不深厚，正是業績不能突破的根本原因，如果又因而隨便去「誆」客戶，便損人害己了。

2. 專業知識的後半套

　　業務員除了必須對商品與功能有足夠的理解，以滿足客戶需求外，更必須知道風險所在，並對客戶提出告知，否則就只有學半套而已，猶如證券營業員只會叫進，不會叫出，最後也是慘賠，但很可惜，各行各業的銷售員許多都只學了前半套銷售技巧，沒有學會後套半風險管理。

　　2008 年「雷曼兄弟連動債」發生問題，雷曼兄弟銀行宣布破產，許多投資人當初在理財專員「保證高獲利」的鼓吹下，一輩子的積蓄化為烏有，還有許多投資者受不了精神與經濟的壓力而自殺，事發後，全台灣有將近五成的理專也因為受不了客戶的責難和求償而離職「避難」，可見專業不足會真是會害人害己！

結論：良師益友一世情

　　「一次交易，一世情」，但唯有擁有足夠的專業素質，才能真正成為守護客戶的良師益友而備受尊崇，在銷售之路上才能走得既有尊嚴又有收穫。

道德操守事業之本

　　銷售業有三寶，「服務態度佳」讓我們廣結善緣、獲得正面評價，不斷拓展人脈，而人脈就等於金脈，是第一寶。「專業知識高」讓我們將客戶的價格變成價值，創造倍數效果，成為「有被利用價值」且受人尊敬的專業顧問，提昇銷售境界、創造職涯成就，是第二寶。而「品德操守好」則是銷售顧問絕對不可或缺的根本德行，好似大樓的地基和鋼架，如果沒有德行操守，再宏偉的事業與大樓都會倒塌，甚至身陷囹圄，所以是第三寶，也是第一守則。

道義放兩旁，利字擺中間

　　銷售業因為錢財在眼前流動，所以特別容易誘人犯罪，但若觸犯刑法因而移送法辦，那就不是還錢就能了事的，所以從業人員不得不慎！業務人員道德操守的缺失可因情節重大分成五部分，茲分項探討如下。

一、利用專業，預謀犯罪

　　報載，民國100年某陳姓保險業務員因為深諳公司作業規範，所以在收取新保戶保險費後未繳回公司，而改以自行偽造的送金單與保單欺騙客戶，而舊客戶的續期繳費、單筆投入則以偽造的收據蒙混；此外，還利用與客戶的情誼，在騙得客戶的私章與存摺後以假冒的簽名進行冒貸、冒領，這位業務員在一年內騙得近千萬元。但類似的詐騙手法往往因為保戶沒有獲得應有的權益而起疑，並在向總公司查詢後而隨即東窗事發，在罪證確鑿的情況下，很快遭受法律的制裁。

　　不只保險業，很多銷售業也都可能發生類似的情況，譬如投資行

業就很可能發生擅自代操、騙取客戶存摺盜領金額、盜賣投資品的情況，而利用騙術詐騙客戶金錢的事在各行業隨時都可能發生，這都是觸及刑法的重大犯行。

二、一時不便，挪用資金

有些業務員原本沒有預謀犯罪之心，但因一時「手頭不便」，所以便臨時起意「暫時挪用一下收取的金額」，心想幾天後再繳回，或將客戶所繳現金據為己有，而以其他票據代墊。但這樣做除了是侵占、背信外，也有可能延誤契約生效時間而導致法律糾紛，屆時一番官司也將無法避免了！

三、隱瞞真相，不實告知

明知商品有瑕疵卻不主動告知客戶構成隱瞞真相，以免客戶打退堂鼓，或為了順利成交，進行不實說明、誇大其詞，甚至拍胸脯保證（還有業務員擅自簽下保證書），一些業務人員認為空口無憑，要告他也難，但只要客戶能舉證或提出人證，還是足以定罪！不實招攬同時也可能觸犯詐欺、背信罪。

呷乎肥肥，裝乎槌槌

有時業務員純然無犯罪意圖，但卻因生性懶散，未及時幫客戶處理業務事宜或反應事項，結果造成客戶損失，這也是職業道德的缺失！

四、拖延時效，導致糾紛

客戶在契約未成立前想變更交易內容或更正執行方式，甚至想要取消契約等，但業務員卻因業務繁忙或怠惰而疏忽執行，導致生效的契約有爭議；另外，客戶想要執行退貨，但業務員未馬上協助辦理，以致超過七天鑑賞期限，凡此種種日後必有糾紛，所以絕不可怠惰拖延。

五、未盡注意，後患無窮

　　客戶填寫契約書以及總公司核發契約書時，資料都有可能誤植，業務員應該盡責的詳細檢查交易事項、文件內容，在確認無誤後再行轉送；公司的商品有時可能會有瑕疵，盡心的業務員也會當成是自己購物一樣，先檢查好再交給客戶，否則等客戶發現瑕疵來客訴時，公司和自己的商譽都有所損。如此可注意而未注意，也顯現業務員不夠細心，不是一個高職業道德業務員所應犯的錯誤。

　　此外，業務員不僅是銷售人員，同時也是銷售安全人員。譬如，某人為其在遠地工作或就學的子女投保、置產、購買基金、開戶……等，業務員未親眼見到立約人本人即貿然收件，就很可能做到問題件或退票的 Case；另外，很多購買者一開始就是抱著詐欺心態而來，業務員貪圖業績而不察，身為居間人，不但有失職之虞，將來還可能要承擔損失！

結論：遠離四大道德風險，方能才德兼備

　　根據統計，「挪用費用、冒名代簽、告知不實、不當銷售」是業務員的四大道德風險，人人皆應戒之！有卓越的專業素養稱為「才」，

有良好的品德操守稱為「德」，所有行業都要求工作人員必須「才德兼備」，才能克盡職責、提供服務、創造佳績，所有行業的頂尖人物也一定都是才德兼備的菁英。如想在收險業「安居樂業」，就必須堅守職業道德，拒絕眼前非法利益誘惑，絕不能有一絲疏忽！

第九篇

身心靈健康：
解除壓力緊張

壓力緊張是現代人的通病
而又以銷售人員為最
底薪低、業績每月歸零、活動量大
拜訪失敗率高於成交率
客戶可能出言不遜……
唯有隨時保持身心的健康
才能保持正向和光明的思維
並為客戶做最好和正確的服務

克服活動中的緊張

業務員除了形象、專業、服務、道德……都要好以外，最重要的是要給人能託付重任的信任感，否則便會被認為只是「漂亮而有禮貌的草莓」而已，要讓客戶立即建立這個印象的關鍵，便是表現出「自信卻穩重、機智卻負責」的態勢。但「緊張」往往會使這個印象破功，尤其在面對高階人員、表情嚴肅、沒有回應、陣仗盛大、有競爭對手在場時會更嚴重，至於要向很多人做簡報、演講的緊張會更「慘烈」，有一個研究說，演講的緊張程度比上斷頭台更嚴重，是所有恐懼排行榜的第一名，如此焉能有不破功，讓人「看破手腳」的？所以，克服活動中的緊張，讓自己的實力表現的最從容、盡致是很重要的修練！

做好事前準備

活動前緊張的情緒會因事前準備的越充分，而越趨穩定，所以可以依「人、時、事、地、物」的「五何」來分析準備，事前做好規劃，如：行事曆、人員暨工作分配表，準備期間每日追蹤、記錄、控制進度，確保活動當日已做好萬全準備。

1. 人

先了解要面對的是那些人？人數？屬性？性別？年齡？以差異化來決定自己要表現的內容。譬如同一種商品，對一群退休婦女和一群專櫃小姐的話術便不同。

另外，我方除了我，還有多少協助人員？可以開幾個籌備會分配工作、演練任務、控制進度，直到每個人都進入狀況為止。

2. 時

活動有多少時間，能說多少內容？是只要說其中一段，還是全部長話短說？

舉辦的時間，如果是下午一點多，應該多互動或有會前小遊戲以為提神？如果是下班前或下班時間，對象歸心似箭，是否有獎品、會後摸彩或其它鼓勵留下來的方法？

3. 事

這次活動的目的為何？應該用怎樣的方式、內容來展現會更有效？

4. 地

場地環境如何？正式？非正式？可以做活動，還是只能單純聽講？影音設備如何？還是只能徒口說？我方可以另攜甚麼輔助品？盡可能事前勘察過場地並做好完整規劃。

5. 物

需要準備給對方甚麼物品？如：講義、獎品、文宣、資料，我方必須準備甚麼東西？如：電腦、投影片、音樂、海報、教具、問卷調查表……？

活動前先暖身

1. 出門前

活動前一晚，確定已經做好萬全的分配、準備與演練，並將攜帶物品全部集中放置與管理，不要留一些雜物當天做，以免有閃失或閃神的突發狀況影響情緒。如果您是主角，前晚或當天出門前最好洗個

熱水澡，如果您很緊張，前天中午過後就避免喝茶或咖啡，晚上聽個輕音樂，睡個好覺。

2. 進入場地前

　　先活動全身筋骨化開緊繃的肌肉與神經，並按摩頭部、太陽穴、臉部、脖子、將嘴角拉起來、張大嘴吧開合、睜大眼睛眨、按按耳孔、發發聲音，因為待會兒主要靠這些地方表演，先將這裡的壓力釋放出來、肌肉化開。

3. 提前進入場地

　　先環繞場地一圈、試著上台走走，讓自己因為了解、適應環境而降低陌生與未知感，因而降低緊張。先與對方工作人員、早到人員聊天、互動，這是為待會兒的戰鬥暖身，同時也是提前進入狀況。千萬不要提早到後卻一個縮在角落，把自己又關回緊張的牢籠裡。

4. 臨場前

　　時間越來越接近了，等待表現應該是最緊張的時刻，這時，可以一直持續做腹部深呼吸降低心跳與血壓、嚼口香糖釋放口腔壓力、含糖果吞嚥口水、清喉嚨釋放咽喉壓力、喝溫水舒緩肌肉與神經，也可以按摩兩隻小指頭和兩個手腕上方（這個動作很小，不容易被發覺）這是消除緊張的穴道。

臨場時如何穩定

一般來說，臨場時因為專注在表現上，所以會忘了緊張，但神經的緊張其實並未鬆弛，所以偶而還是會有不自主的失常表現，這時您可以做一些防護措施和掩飾的技巧，把一切化解得很自然。

1.開場先暖場

　　不用急著進入主題，可以先用一點時間講一個笑話或寒暄、讚美一下對方，當對方笑起來，整個場子就暖開了，您的心也安了一半。開場最忌諱說：我是菜鳥、我很緊張、我講得不好、準備不周等話，對方會覺得您為何不準備好才來？因而臉色不會太好看，您也會越緊張。

2.尋找友善臉孔

　　人多的時候會比較緊張，有些人教您看天花板或把他們當西瓜，這都會讓人感覺不自然，而且沒有感情，其實人多也有好處，就是容易出現幾張和善、有反應或順眼的臉孔，這時您應該找到他們，看著他們講，他們的反應會使您溫暖而化解緊張（但也不要只死盯著一個人）。如果每個人都是一副奇葩臉，您就要當自己是演員，觀眾越冷漠，您就要越熱情，不但不能受他們影響，還要化開他們。

3.MEMO 備忘

　　緊張時腦中突然一片空白是經常發生的事，但除非您想照稿念，才需準備完整講稿，否則您應該準備一份完整的條列式大綱和重點（字體大一點），以便隨時參閱，密密麻麻的講稿反而讓您一時找不到講到哪裡。不管有沒有用到 MEMO，順著說話的進度逐步翻頁 MEMO，

這樣要用時才能立即找到。低頭看 MEMO 是很正常的事，新聞主播和節目主持人也都看 MEMO，所以不須覺得這是一件突兀的事，但節奏要調整好，譬如到一個段落、停頓、句讀時低頭看，都很自然。

當然，投影片（PPT）就是光明正大的 MEMO，所以盡可能使用投影片，不管是用投影機、手提電腦或平板都可以，除非這些都不可行才用紙本 MEMO。

如果您突然腦中空白、忘詞、不知所措，應變的方法便是「反問問題」，讓時間自然停頓下來，也讓對方把注意力移到他們自己身上，這時您就可以從容一點的整理自己的思緒。

4. 動作釋放壓力

懂得用手勢、肢體動作、稍微走動，可以使臨場表現更活潑，同時，透過肢體的活動也會讓自己的緊張能量釋放出來！不過緊張時，這些肢體動作也可能變得太大、太多、誇張，這要特別注意，過猶不及。

5. 補充遺漏段落

如果中途發現自己前面落了一段，不要緊張，等到一個段落後，才加以補充，只要節奏順暢，對方都不會覺得突兀。如果遺漏的不是重要的重點，也無需太在意。

6. 呼吸、講話不能急

緊張時因為呼吸不自主變急，結果不是忘詞，便是講話變急，講話越急呼吸又越急，……，如此惡性循環。如果您是表現時講話會變急的人，可以在 MEMO 上做暗號，如：　　，提醒自己保持微笑、放輕鬆、減慢講話速度，如果對方看到也會以為是一個善意、可愛的表達。

　　另外就是訓練自己講話必須有句讀的停頓，好讓自己可以喘口氣，喘口氣其實還是低階的，高階的是要能調息，讓自己思緒一直保持清晰。

7. 穩住不發抖的方法

　　如果您手會發抖，不要將講義、東西拿在手上，這樣會讓對方看得更明顯；您也可能會不自主將兩手掌相互緊握，而且越握越緊，這樣緊張也看得很顯得。這時您可以要求一張小桌子或講桌，將講義放在桌上，並將手按在桌上。如果現場不適合放小桌子，這時可多做手勢、肢體動作或稍微走動，來釋放和掩飾緊張的發抖。如果手上有麥克風，為了穩住它，您也會不自主用兩手去拿，這當然也是緊張洩露訊號，把拿麥克風的手貼緊胸部，就可穩住手。

　　緊張發抖的現場症狀也可能轉移反應到身體搖晃、不斷眨眼、張開嘴巴等，這都可以注意一下。

8. 簡單的表達

　　如果用最簡單、口語、生活化的方式來表達，對方最容易懂，這

時表現者也最容易臨場釐清自己的思緒，如果為了咬文嚼字、故弄高尚，反而經常讓自己陷入思考裡而腦袋打結。

9. 不要提神飲料

如果很緊張了，那活動中的飲料就不要是咖啡、熱茶、冰飲，以溫白開水為宜。

10. 專注當下

不要想著剛剛的失誤，不要猶豫這個要不要講、要不要做（事前就應決定好或視臨場狀況當機立斷），患得患失只會使狀況更糟。或許對象並沒有發現，反而是自己慌亂露了餡。也不要心裡想著，他們都沒反應，我講得不好吧？如果您是高手，當然可以視臨場狀況調整表現內容與方式，否則此時不要太在意他們，把自己演練時的最好狀況表現出來就是了。我曾遇過一群完全沒表情的聽眾，日後我問其中幾位，他們說，您上課好幽默，原來是他們自己太ㄍ一ㄥ了。

結論：不怕錯，專注做

人活動時會緊張的最大原因在於害怕臨場會出錯，進而引發必須承擔的後果或評價，但事實剛好相反，不管有沒有做錯，現場狀況能Hold 住才是重點。民國七十七年，國慶閱兵典禮總指揮官陳廷寵將軍向李登輝總統行軍刀禮時，在全國軍民前，竟不慎將自己的軍帽揮下來，這是多大的錯誤，頓時全場驚呼，連總統臉也僵了！但陳將軍態度從容的用軍刀將帽子勾起後又戴上，然後還是不動如山的行禮如儀，威

嚴的完成整個閱兵式。他的臨危不亂獲得總統、軍民與媒體一致的高度讚譽，認為這樣泰山崩前而面不改色的人才足堪託付重任，所以後來還晉升陸軍上將總司令！

又如歌唱比賽，一路過關斬將，當中真的沒唱走音過？自己能Hold住，讓評審覺得這個錯誤已經當場被巧妙化解了，所以也無需太追究，才是致勝之道！如果自己因而亂了陣腳，開始演出失水準，才是致命關鍵。所以要建立「不怕錯，專注做」的堅強態度，活動中的緊張也會大部分被化解喔！

隨時清滌心靈的障礙～生理篇

　　業務員算是「皮繃緊」一族的前幾名，因為他每個月都有新的責任額、沒有固定薪資、必須每天面對不同面孔、與客戶搶時間、隨時會遇到令人不悅的奧客、被拒絕、被冷嘲熱諷……；而「清閒」時則表示沒有客戶、收入暫停，接著主管的苛責、失業的危機、家庭的經濟……隨即而來，問題更大！凡此種種，難免就產生身體壓力症狀、心理負面情緒，和心靈憂患陰影等障礙，所以業務員必須更懂得克服各種工作壓力、保持身心靈健康，這樣才能隨時容光煥發且光明正面的迎接每一刻。

壓力緊張的生理因素

　　「壓力」是人面臨狀況處置時，生理與心理無法如常運作的感受。而「緊張」指的是此時生心理的加強反應。

　　狀況處置　→　壓力　→　緊張　→　身心靈失調

　　如要解除壓力並非遠離壓力源即可，因為現代社會狀況處置只會變多不會變少，何況沒有狀況也是一種狀況，因為會導致沒有收入或逐漸喪失競爭力，變成「逃避」，所以面對狀況時要學會如何面對並處理它，這時壓力就變成動力，緊張變成潛能的激素，身心靈失調就變成身心靈成長！

　　狀況處置　→　處理狀況　→　動力　→　激力　→　身心靈成長

　　壓力和緊張可分成生理因素和心理因素，本文先談生理因素。人的內臟活動、內分泌、新陳代謝……等並不需由意識控制，稱為「自律神

經」，又分為主管戰鬥的「交感神經」，和主管放鬆的「副交感神經」，這樣人才能平衡穩定。現代人因為長期處於戰鬥狀況放鬆不足，所以交感神經過度旺盛，副交感神經來不及踩煞車，身心過於緊繃，心靈也開始遭受侵蝕！

當人面臨狀況處置的壓力時，交感神經機能加快，並分泌腎上腺素直接注入血液，所以不須意識控制即瞬間產生心跳加速以運送更多能量備戰，但同時也伴隨血壓上升、血液向腦部集中、理智思考降低（本能反射動作增多），並因血管緊縮而呼吸急促、肌肉緊繃、痙攣（發抖）等狀態。但這時能產生短暫的最大集中攻防力，以因應一觸即發的危機，好像貓遇到惡犬整個身體弓起，隨即像子彈飛射過去那樣。所以緊張是人類面對狀況處置時的自然反應，適度的緊張是「警覺」，可提升人應付狀況的能力。

但身體處於狀況處置時，因為呈現武裝緊張狀態，所以反使日常動作與行為發生異常，如：身體發抖、說話困難、行動僵硬、思緒模糊，所以如果狀況沒那麼緊急，卻呈過度緊張，譬如做簡報卻產生作戰反應，那就是「恐慌」。如果長期處於壓力狀態，經脈、內臟的肌肉與神經緊繃，造成全身劇烈痠痛、慢性失能和內臟神經痛、發炎、功能障礙；而腦部、自律神經、內分泌、免疫系統……也會因為長期失調，而使身體機能、精神官能、心理衛生百病齊發。所以現代人在身心上的罹病比例急遽攀升，最近研究甚至指出，皮膚病亦與壓力緊張有關，因為免疫力下降，產生痤瘡、濕疹、泡疹、蕁麻疹、神經性皮膚炎等，甚至連骨質疏鬆都與壓力有關，因為壓力使控骨賀爾蒙分泌失調，果然「壓力是萬病之源」！

一般來說，交感神經、腎上腺、甲狀腺機能發達及高血壓、精神官能症的人越容易因壓力而緊張。如果不借助藥物控制，那可用生理方法來增加副交感神經的放鬆功能，或減低壓力症狀來紓解緊張。

生理方法洗滌身心靈

一、熱水發威

　　熱水因為可以促進血液循環、軟化緊繃經脈、活絡積鬱神經，所以是簡單又便宜的紓解壓力緊張症狀的良藥。

1. 熱水澡

　　泡熱水澡可以覆蓋全身，所以是全面性的壓力解放，但泡熱水澡有很多錯誤認知，絕非水越熱、泡越久越有效，相反的，這會使心跳更快、腦缺血（血液都流到皮膚），甚至引發嘔吐、暈迷，對男性的精子也有不良影響。水溫 40 度、二十至三十分鐘，且一天一次為宜。不要睡前泡澡，以免心跳加快而失眠，使精神更不濟、飯後一小時內血液大量流向胃部、酒後血液循環快也都不宜；夏天很多人喜洗冷水澡，但仍以溫水澡能消除壓力緊張。

　　泡澡時全身都浸在熱水裡，只有頭頂露出來沒有受熱，所以有人習慣在頭頂敷一條熱毛巾，這樣也有舒緩腦壓的作用，冬天在戶外泡澡時尤須如此，以免因為頭身溫差，造成頭風。

2. 泡腳

如果所在場所無法泡熱水澡，或生理不方便、臥病在床無法泡熱水澡，則用熱水泡腳是一個簡便又有效的替代方案！以前的老祖母冬天縱使不洗澡，也一定會用熱水泡腳，因為腳部有連結全身的穴位，同時也密布離心臟最遠的末梢血管與末梢神經，所以將腳的血氣泡開，整個身體幾乎就通了，原理就跟腳底按摩一樣！泡腳的水溫和時間與泡澡一樣，切勿過熱、過久。

3. 熱敷

　　人的每個器官功能強弱不一樣，加上每個人對壓力緊張反應的部位也不同，所以有人病患在頭，有人病患在肩或呼吸、消化⋯⋯，這時可以用熱敷的方式，針對症狀的部位去局部舒放壓力。用熱水袋熱敷水溫約 60 ～ 70 度，一次不超過 30 分鐘；用毛巾熱敷水溫約 40 度，一次亦不超過 30 分鐘。

4. 溫開水

　　內臟跟肌肉一樣，會隨著壓力緊張而緊繃、痙攣，所以會心痛、胸痛、胃痛⋯⋯但我們卻不能伸手進去按摩，除了泡熱水澡外，就是要常喝溫開水來活絡內臟。但喝水還是有很多迷思，首先，溫度不能過高，過高的水溫會傷害口腔、咽喉、食道黏膜，以三十度為宜。再者，每次喝水不要超過 300c.c.，且每次喝水至少間隔半小時以上，不然水分直接進入腎臟排泄出來，功能不大；少量多喝，使水分被胃吸收充分進入血液和細胞後再排泄出來，新陳代謝功能才大。
　　喝茶是現代人的習慣，喝茶能提神，但也會使神經亢奮，所以以淡茶為宜，或者以決明子、枸杞等來取代，他們能補氣，可以增進克制

緊張的能力。花茶中的玫瑰、薰衣草、皮石斛可以解憂，而且花香本身對人就有舒緩的效果。

二、基本氣功

經脈動作（柔軟、伸展、按摩）＋吐納＋冥想＝基本氣功，因為它強調緩和、持久，達到有氧、規律、運氣功能，所以可以活絡解淤、調息寧神、引氣聚能，使緊張症狀大幅降低，它雖然不是爆發力與重量訓練，卻能令人精氣神穩定飽滿，因而能紓解與抑制壓力緊張症狀。

1. 經脈動作

由上而下：360 度扭轉脖子、前後扭轉肩膀、前後（左右、上下）甩動手臂、活動腕關節／肘關節／指關節、旋轉腰部、左右擺臀、扭轉膝關節、扭轉踝關節。以上是個別基本動作，可以活動主要關節，打開重要氣血和肢體通道，熟了以後可以同時做多個動作，也可再做更深度的韻律或太極動作。

2. 伸展動作

由上而下：兩手合併高舉同時墊腳尖、右手臂貼耳彎身向左、左手臂貼耳彎身向右、往前下腰、往後下腰、站定後全身都向左（右）後方側轉、雙手掌交叉於腰後然後高舉（同時放低前身）、抬左（右）腳向前（後、外）、蹲下伸左腿、蹲下伸右腿。伸展動作的目的在拉開經脈，同時透過身體扭轉活動內臟，使全身內外的氣血暢通。做伸展動作宜注意平衡，避免跌倒，且由淺而深逐漸拉開伸展的幅度，或挑戰更難的瑜

珈動作,切忌一下子過度劇烈,以免造成傷害。做下肢運動時膝蓋要特別注意,不要做太多蹲下、半蹲、屈膝動作,屈膝時膝蓋不要超過腳尖、要和腳尖方向要一致。

3.按摩

　　一樣由上而下,從頭皮、太陽穴、臉……、肢體、身體、腰腿……一路捏揉、輕拍下來。人有十四經絡、360個穴位,如針對經穴按摩,效果更佳,除放鬆全身神經與筋肉外,對各種內部器官也都有間接助益。在運動後幫自己實施按摩,效果更好。

4.吐納

　　臨床上,呼吸短促會因空氣交換不足使血液中氧氣量不足,而過度呼氣也會使二氧化碳濃度變低,血中二氧化碳濃度變低,會刺激交感神經,呼吸又會變得更短促並產生各種緊張症狀……,如此惡性循環,所以一直激動的人最後會因而說不出話只能用力喘息,甚至暈厥過去。

　　現代人隨時伴隨壓力緊張,所以不自覺間呼吸經常變得短促(這時身體自然就會以「嘆氣」來深呼吸,可惜這是一種負面的深呼吸,所以經常還會伴隨一聲「唉」,就變成「唉聲嘆氣」了),因而使心跳、血壓增加,也使腦中氣體失衡,而發生頭痛、頭暈……等狀況。

　　但這時只要刻意放慢呼吸速度,並進行深度呼吸,讓血中氧氣增加,二氧化碳濃度升高,呼吸便自然變正常了。所以「吐納」呼吸法一直是中國最重要的養生法,不無道理!

所謂「吐納」便是「規律輕緩的腹部深呼吸」，有幾重點：深，吸到腹部；慢：一分鐘不超過六個；輕：呼吸不刻意用力；勻：呼吸節奏規律穩定，不要忽深忽淺、忽快忽慢、忽重忽輕。吸氣時將氣吸到肚子（此時腹部脹大，而非擴胸），千萬別刻意用力呼吸（否則胸肺會疼痛），練習久了，自然越吸越深、越吸越順、每分鐘呼吸次數越少。

　　吐納強調勻稱，透過規律穩定的緩慢深度腹部呼吸，臨床上，沒多久人的心跳血壓和腦波就安靜下來。呼吸時「眼觀鼻、鼻觀心」，並非眼睛看著鼻尖，鼻孔對著胸口，而是注意力觀注（眼）在呼吸（鼻）這個動作上，而呼吸時要觀注意念（心），不要胡思亂想。

5. 冥想或放空：

　　動作、呼吸時，引領「氣」流過身體（一開始沒辦法引領，則用想像），氣流過的部位污穢被清洗、毀損被修補；吸氣時大自然清淨能量進入身體，呼氣時廢氣、不快情緒、壞的記憶隨之而去。

　　冥想配合吐納，以最輕鬆的姿勢坐憩，就是「靜坐」（坐禪才須盤腿挺身，靜坐不用），方法同前，只感受身心被洗滌的舒暢，連柯林頓和希拉蕊都是靜坐的愛好者呢。冥想配合吐納，再以緩慢的速度行走（心跳不加速）是「經行」，經行可以預防靜坐時打瞌睡，也可活動長期靜坐的筋骨，所以是動禪。

　　身體內外部，如果覺得哪裡不舒服，在經脈運動、吐納冥想時可以在哪兒多做一會兒或做局部治療，有引氣補能的功用喔！現代人久坐腰弱、連帶丹田氣虛，可多做腰部氣功；中年以後膝蓋退化，多做下肢氣

功，強化腿脛能力，可支援膝蓋力道。

如果不冥想亦可，只要把腦部思緒放空（或聆聽輕柔音樂）就可以，千萬不要再去想煩人的事，讓神經和精神得到鬆弛，好好休息一陣子，而且您會發現，神經和精神鬆弛休息一陣子後，不但頭腦更清楚了，想法也跳脫原本陷入的邏輯框架，最主要是，清明使人價值觀產生改變，整個思緒產生 180 度的轉變！所以，身體的污穢與疲憊可用水來洗滌與舒緩，但神經、內臟、精神、心靈、價值觀等，則需靠冥想和放空來洗滌與舒緩。

基本氣功的動作（形）一定都需緩和，每個動作配合一個呼吸（氣）、一個冥想（神），如果形氣神搭配不當，就只是一般體操動作，如果搭配得當，透過身體、呼吸、意識三者的緩慢調和動作，人的腦波、腎上腺素、交感神經、心跳等各種壓力症狀都連帶靜下來，人一輕鬆，怨怒與憎恨減少，心靈也獲得洗滌，產生的力量就十分驚人了，古人還據以修仙呢！

三、學習「慢活」生活

人一直處在壓力緊張中，連帶的，沒事時也一直維持快動作或精神警戒，幹嘛呢？沒事時就要慢下來甚至停下來休息，這樣下一場戰才可以繼續打，所以要學會以「慢活」生活來調節緊張工作。

1. 調節生活機能

現代人因為工作繁忙及壓力大，所以喜歡以應酬、吃喝來紓解壓

力，並以各種提神食品如：咖啡、濃茶、抽煙、檳榔、酒、提神飲料、辛辣食物等來提神，卻反而使緊張症狀更為加劇！各位應注意：越忙、壓力越大，更應該過規律清靜生活：起居正常、睡眠充足、定期運動、飲食清淡、八分飽、休閒活動，否則只是加速蠟燭的燃燒，各位看看，王永慶、郭台銘等，哪個不是如此？這樣才能因應龐大的業務與一觸即發的危機，否則不要說會因壓力而一時做錯決策，甚至每天的活動都亂無章法！

2.調節生理機能

前面介紹的方法都不用浪費日常太多時間，如熱水澡（浴）每日都得洗、基本氣功在看電視、閒暇時都可以一邊運作、忙裡偷閒靜坐吐納片刻效果跟睡著了差不多，也能恢復疲勞。如果每天或定期撥出時間來做，效果更好，生理調節好，緊張症狀便會舒緩！

結論：平日有調養　臨危更不亂

壓力緊張是人類生存的本能，沒有緊張就會缺乏警覺性，很快就滅亡了，但如緊張過度，對身心靈都有很大的戕害，如果您的下列現象越明顯，即表示壓力緊張越大：

1. 呼吸總是不自主的變得急短淺重。
2. 縱使沒事也總是快步走路。
3. 經常覺得自己有事沒做完卻想不起是甚麼事。
4. 耐心與脾氣越來越差。
5. 檢查不出原因的頭痛（暈）、肌肉痠痛與各種身心病症。

壓力緊張大的人生怎麼會不是黑白的呢？所以平常就應重複練習本文的方法，這樣就能化壓力為動力，化緊張為潛力，讓人生變彩色喔！

隨時清滌心靈的障礙－心理篇

壓力緊張是人類生存的本能，也是自然的生理反應，所以不是壞事，但如果反應過度影響正常活動，乃至傷害身心靈健康，那可就不是甚麼好事！本文就來談談它的另一個因素：心理。

心臟強還是嚇破膽

其實，承擔壓力緊張的強弱度在平時就看的出來，會緊張的人不只是膽小的人，過 High 的人也是緊張一族，前者表現的是逃避（如講話結巴、不安），後者表現的是焦躁（講話急促、毛躁），所以真正不緊張的人是交感神經和副交感神經平衡的人，表現在個性上便是不疾不徐。下面十個選項，分數越高的，承擔壓力緊張的指數越高，先來檢視一下，您是「心臟強」或「嚇破膽」一族呢？

一、先天神經反應

1. 寧靜中，電話響起，不會嚇一跳。
2. 遇到大人物時仍照常行進，不會故意加快走過或迴避。
3. 人多時仍能清楚表達，不會變快或變慢。
4. 不會因小事就太 High，也不會因小事變 Low。
5. 平日下決定不太會倉促也不會太猶豫。

二、態度

6. 覺得被拒絕或遭遇挫折並非甚麼大事。
7. 樂意接受挑戰或新任務，認為這是成長的激素。
8. 失敗創傷後的復原期很短。
9. 遇到錯誤最先思考原因，而不是尋找承擔責任的其他人。
10. 做事前先想到成功的方法，而不是失敗的藉口。

如果能培養這十個因素能力，您對抗壓力緊張的指數不但會破表，甚至還會變成一個解救人類的超人呢！

實務認知造成的心理壓力緊張

人面對狀況處置時之所以會產生心理壓力緊張，有外在實務認知與內在意識情感兩個層面，實務認知上有下列六個因素，解決之道亦簡述如後。

一、陌生或面臨未知因素

會造成壓力緊張的第一層因素便是對事物陌生或面臨未知因素，狀況超脫自己的經驗與掌握，如果狀況是能知、能控制的，自然就不會那麼緊張，而這是人類自我防衛的天性。譬如第一次打靶，打不好不會被苛責，也不會有傷害性，但大家都還是「皮皮挫」，原因只是「沒打過靶」這樣而已。實務上。當您遇到陌生、未知的狀況而產生緊張，應該盡快蒐集資訊、向別人請教，對事物的來龍去脈、問題是甚麼，目前狀況如何、有何解決之道……有更多的理解。您會發現，當知道的狀況越清楚，緊張也會越低。

二、必須承擔後果

如果狀況事不關己，可能就會說：「有甚麼好緊張的，別害怕嘛！」但一旦事關乎己，而且必須承擔後果，反應就不是如此了，而且後果越嚴重，壓力緊張便越大，這時腦中空白與逃避心理也會越嚴重，所以推諉、圓謊、不知所措……等行為就會發生！

1.面對勇氣多大，力量就多大

　　勇敢面對狀況才是正確的態度，當老鼠尾巴被人抓住時不是拼命逃跑，而是反過來咬那隻抓住牠的手，才會有逃命的機會！同樣的，這時您要勇敢面對狀況，壓力越大，因為腎上腺素分泌的關係，轉換成的勇氣與力量也越大，短兵相接肉搏戰中廝殺的士兵都不怕死了，因為這時他們都已經處在最大緊張中，所以不知死為何物，而贏的那個，是不害怕的那個！所以您不能害怕，勇敢面對問題，您有多勇敢，就會有多少解決問題的力量！

2.坦然面對，結果只會更好

　　「以最壞的打算，做最萬全的準備，坦然接受結果，不畏懼失敗與處罰。」把自己的承擔力完全釋放出來了，就會有最佳的結果，至於結果如何，就坦然去面對，任何真正努力過的人都會領悟一個真諦：我努力過了，結果真的變得不重要了，也沒遺憾了！

　　但是，誰又告訴您，結果一定是壞的？所謂「哀兵必勝」，為什麼不想想打贏了這漂亮的一戰，從此揚名立萬、扭轉乾坤？往好的方面想，認定這是一個「契機」，而非一個「危機」，您是要開創一個局面，而不是解決一個問題而已！

　　不過這時，千萬記住多尋求他人的協助，不要一個人埋頭苦幹，否則會陷入很多盲點的泥淖裡爬不出來！

三、能力不足

能力不足自然是緊張的最大原因，要補足能力也非一時可及，但還好，一個問題大多有其範圍，還不至於包山包海，這時應該趕緊請教前輩教導、迅速收集資訊以及解決之道，將火力集中在問題的核心上積極準備因應。這時，您最需要的是協力者，千萬要放下身段尋求更多的協助，協力者不限定在內部，外部還有更多協力者，您甚至可以請求他們陪同，有了他們，您的魂就回來一半了。

四、臨場真實經驗不足

如果狀況因素大約在掌握中之，能力也足以解決，但還是感到壓力緊張，原因便是臨場真實經驗不足，包括：對狀況掌握未完全熟稔、害怕突然殺出不會回覆的問題、擔心現場發生無法控制的狀況……。這除了需要臨場經驗的累積外，最主要是請前輩實施「模擬作戰」，甚至扮演「麻煩製造者」，讓自己進入實際與衝突情境中學習處置之道，經過「虛擬實境」演練的洗禮，便能更有信心的上場。當然，您也可以請求前輩陪同，有他們做後盾，便能消除自己的疑慮。

五、時間緊迫的壓力

倘使各方面的事務能力與經驗都很好了，可是卻必須在規定時限內完成任務，否則便會有嚴重的後果或損失，那腎上腺素可能馬上飆高到頭暈目眩！這時您所欠缺的只是東風——冷靜，記得生理篇教過的嗎？馬上深度腹部呼吸數次，並扭動自己的脖子和身體，將心跳調回來，也將思路調整到最清晰狀態。如果您有可以支援的人力，不要凡事親躬，立即動用可運用的人力在您的支配下完成事務。

六、繁雜凌亂的事物

當人專心做一件事情時，如果中途被打斷，便會產生思緒中斷以及情緒變化，如果一再被打斷，免難會產生憤怒與緊張，這也是心理學上時常用來測試一個人是否能夠快速轉換情緒的測驗。實務上，大大小小的事務、一件還沒做完一件又堆了上來，除了心情煩雜、思緒一再被打斷，心裡還惦記著沒做完的事，不產生緊張都很難，最主要的是，到時又丟三落四，人家急電來催，連晚上睡覺都夢中驚醒！為了避免這樣的事發生，應該將事務依「急、重、輕、緩」的等級放好或 MEMO 好，等級一樣的，簡單的優先，然後一件一件處理，如果中途有案件插進來，也依上述方式安排好，處理好的就放一旁或把 MEMO 槓掉，這樣就能掌握急緩與次序，更能減輕心中懸念著或怕忘掉的壓力。

意識情感造成的壓力緊張

　　除了外界實務認知造成心理壓力緊張，自己的內在意識情感也會造成心理壓力緊張，四個因素與解決之道簡述如後。

七、害怕失敗的天性

　　如果事務準備得都差不多了，而依然覺得緊張，這是物種物競天擇下，適者生存、弱者淘汰的防衛天性，「害怕」可以提醒人不要鬆懈（神經太大條反而死得快），但太嚴重的話表現出的便是自信不足，因應之道便是「重複練習」。世上最不容許出錯的，應該是歌唱比賽，如果忘了一字歌詞、走了一個音，恐怕就會被淘汰，所以他們的因應之道便是重複練習到成為「反射動作」，到時縱使腦中一片空白，也會反射性的表演出來。隨著練習次數的增多，恐懼便越少，自信便越強，如果還是覺得恐懼，便再練習，最後就像練功房的小徒弟練到迫不及待要下山找

人較量一樣，這時只有自信，哪有怯弱呢？

八、誇大負面後果

　　壓力緊張另一個來源便是自己把後果給負面化和誇大化，譬如同樂會上台表演只是自娛娛人，並非甚麼大事，本無需太緊張，但自己卻誇大後果：不習慣成為眾人的焦點、大家會對我指指點點、表演不好會被人「恥笑」、老師會責罵我、破壞形象……。如果您是這種人，那不妨反過來看看那些愛現的人，並跟他們學習，他們的想法剛好跟您相反：喜歡人家注意、喜歡掌聲、喜歡成就……，只有表現才能獲得這些東西。

　　歷史上有很多反轉時代命運的大戰役，保住千千萬萬人的生命，我們遇到的問題都沒這麼嚴重，壓力何必那麼大？何況「不怕錯，怕不做」，每次表現都是一次成長機會，做錯有啥了不起？坦然微笑的道歉、優雅風度的化解尷尬，或者真心坦然的接受處罰，獲得的認同可能比成功演出更多，所以不要把後果負面誇大，事情沒那麼嚴重啦！

九、太在意結果

　　一些人在練習、能力、心態上都沒問題了，卻還是緊張，原因出在自己太在意結果，譬如：非得第一不可、非成功不可、絕對不能失敗……，或者有自己在意的人在場，害怕有閃失會讓他失望……，所以自製壓力緊張！求好心切是好事，但應該在事前準備時產生，狀況處置中若求好心切，讓表現失常就是壞事，這時就應告訴自己：「我已經在最好的狀態了，現在要做的只是『專注』，唯有『專注』才能

讓我表現超乎預期，而不是『惦著』要更好。」所以，放下、專注、只顧著向前，就像賽跑時不要一直看別人一樣。

十、背負太多他人期望

最後在一切狀況良好下，而仍會緊張的原因便是：背負太多他人期望（譬如團隊的這面金牌），這當然也可以在事前化為絕佳的努力動力，但狀況處理時您應該坦然告訴他們自己能做到的最好狀況，而且保證自己會「專注」做到最好，把別人的加油化為動力，而不是壓力。很多球星在爆紅後水準陡降，說是手感變差，其實是背負太多粉絲期望壓力的失常，如果返回平常心，反而一切問題都沒有了。

結論：臨危不亂　方能大用

掌握狀況、充分練習（狀況模擬）、有系統的作業、尋求他人協助或陪同、專注於事件本身而非結果（平常心）、學習膽大者的榜樣、不畏懼失敗後果，是克服心理壓力緊張的秘訣，但最主要還是要建立一個認知：臨危不亂、錯而不驚，才是真正有風範的贏家。

一九九七年台灣發生一件重大刑事案件－「白曉燕命案」，後來嫌犯闖進南非武官住處並挾持之，當時擔任臺北市刑警大隊隊長的侯友宜一個人進去與嫌犯談判，當他抱出武官七個月大的嬰兒脫離險境時，全國民眾在電視機前無不感動落淚，為他的勇敢與鎮定深深折服，後來他升任警政署署長，維護全國治安，朝野咸表認同。我們遇到的處境會有他危險嗎？所以不要怕，有為者，亦若斯！

結語與叮嚀

　　我經常用電銷人員來舉例，大家一定經常接到電銷人員的電話，而您拒絕的機會一定也很多，感覺電銷一定很難做，但事實上，成功電銷人員的所得是一般行政人員的二至三倍。他們為什麼成功？答案在貫徹達成活動量的紀律！但如果是在主管壓迫下達成活動量，想必非常痛苦，不能「樂在工作中」，所以這時就要有自動自發的精神和習慣。那要如何才能有自主的習性？便是領悟成功的思維模式。但這樣還不夠，我們還要「愛在生活裡」，所以便要有滿足客戶需求、體認工作和服務價值的愛心。

　　但成功不純然是勤能補拙、埋頭苦幹，以活動量來戰勝機率，它的成功率是可以提升的，所以從整體形象塑造、提升業績生產方程式（拜訪量、成功率、平均產能）、加強三個基本功（滿足客戶需求、提升服務品質、加強附加價值）、創意銷售、以科學方法來執行（客戶經營和管理、工作日誌、績效評估與輔導）。此外再多學習成功標竿人物的成功經驗，便能成其「大」！

　　此外，業務員並非只是講究成功銷售技巧，若要做「久」便要遵守三個基本德行守則，並隨時克服緊張壓力，保持身心靈的健康，使自己始終走在正道上。

　　以上所列，本書都有提及了，可以藉此再溫故知新，但最重要的還是「實踐」，有的章節附有作業，務必完成，如果不踏出第一步，或踏出之後走得不順，那就必須「重修」——把作業拿出來確實再做一遍，如果還是不及格，那就再做一遍！

　　成功貴在「樂在工作中」、「愛在生活裡」，工作不是為了討生活，

而是為了創造生命價值，否則人生是無奈的、受限的、苦悶的，但人生應該是創造的、共好的、貢獻的，把序的箴言再度送給各位，祝大家順利成功！

1. 成功的定義：因為服務更多人而利人利己。
2. 成功的方法：科學管理與創意銷售。
3. 成功的態度：對客戶有愛，對自己有紀律。
4. 成功的價值：滿足社會需求，完成生命志業。

第十篇

業務開發實戰～
以準客戶電話初訪為例

好了，現在進入肉搏戰了
但其實這是傳播福音的開始
您要做的便是
如實準備好文中的資料
並確實的執行，這攸關您
一生銷售業的成敗！

▌前言

開發客戶、拜訪客戶有甚麼整套的標準程序和流程嗎？當然有！雖然每個銷售業的商品不一樣，話術也不盡相同，但原理是一樣的，所以本文選用電話陌生開發來舉例，因為不必面對客戶就能約訪甚至成交，可見它包含的元素最齊全，如果這套學會了，其它的開發活動便能萬變不離其宗而得心應手！

電話行銷（Telemarketing）一直是業務開發的重要方式之一，當然有人會疑惑，現在詐騙集團與電話拜訪氾濫，電話行銷還有開發的空間嗎？答案是肯定的，根據市場實況顯示，目前只有五家不到的保險公司沒有電話行銷部門，而且有三、四家保險公司只有電話行銷部門，沒有外勤業務人員；而信用卡、借貸、會員卡、未上市櫃股票……甚至特種行業等也都運用電話行銷，可見，利用電話拜訪來開發客戶仍是強勢主流。

此外，電話行銷可說是所有開發方法中，成本最低、過程最簡單、體力負擔最輕的，只要裝個網路電話或節費盒，打出去的每通電話成本都很低廉；而且電訪者不用出門拋頭露面、不用日曬雨淋、不用站在街頭逢人彎腰遞 DM，可在最短時間內輕鬆的初訪過最多的對象。所以一般業務員也可以熟練電話行銷技巧來開發自己的客源與業績！

電話行銷分很多種類，本篇只針對「向新準客戶名單電訪，並達成邀約面談目的」的客源開發做說明討論，其餘開發技巧亦可視情況適用。而且本文要做的是打破以往「調查式」的制式電訪，成為「拜訪式」的訪問電話，其中技巧不同以往，可多揣摩。

行前訓練

1.「電話禮儀」降低排斥感
2.「語聲形象」提升受訪率
3. 流程、話術範本
4. 訓練步驟

▼

電訪前準備

1. 名單的收集、篩選與客戶區隔
2. 準備物品

▼

電訪進行技巧

1. 電訪兩大新原則
2. 訪前注意事項
3. 以客戶利益破題
4. 喚起危機意識
5. 拒絕處理
6. 發問藝術
7. 其他應對技巧
8. 約會與結束技巧

▼

電訪後處理

1. 整理並完成訪談紀錄（含統計表）
2. 準備面談或郵寄資料
3. 情緒整理再出發

行前訓練

電訪行前訓練包括：電話禮儀、語聲形象、內容範本、破題切入、區隔話術、拒絕處理、應答技巧、訪談紀錄、加強邀約……等（這都會在下列的課程提及），都應該練習純熟，這些訓練不止可運用於電話開發，在面對面行銷時亦都派上用場，所以努力不會白費。

電訪一開始的前十秒如果能引起對象的好感，那便成功一半了，這便是「黃金十秒鐘」；而接下來的二十秒如能讓客戶同意受訪，那就又成功一半了，這便是「關鍵 30 秒」。所以，您應該注意：以電話禮儀來降低對象對電訪的排斥感；以聲音形象（聲緣）來提升對象接受電訪的意願；接著以能夠為對象帶來利益的破題引起興趣提高續談率……。這樣才能讓客戶「一聽鍾情」，反過來「追求」您。

一、電訪禮儀降低排斥感

如果午休時間小憩正酣時接到一通連續 30 秒沒有換氣的電話：「馬先生嗎，我們公司推出一種……，請問您現在一個月收入是多少？……，您住址在哪裡？我們馬上把訂購單寄過去！」除非您是天使的化身，否則沒有人會不抓狂的！可見，電話禮儀是電訪的基本要求。

1. 電話應對

按第一個號碼時，行銷已經正式開始了，立即進入作戰狀態！如果心不在焉，就可能撥錯號碼（這時可隨機應變轉為隨緣開發）；電話撥通到有人接聽的這段空檔，應保持安靜與注意，不要與人交談或做雜事，因為隨時可能有人會接聽，如果有疏忽或失禮，一開始便讓對象留下不好的印象；道別後輕輕掛上話筒，作戰才告一個段落，因為對象可

能比您更晚掛上話筒，如果此時大聲喧嘩、口出惡言、抱怨、摔東西、怒掛話筒……等，所有努力都空虧一簣了！

談話中，您、請、對不起、很高興為您服務、幫您服務是我的榮幸、這是我們應該做的……都是基本禮儀。電話進行中應隨時注意下列基本態度：

1) 使用白話且文雅的辭彙（避免使用專業、粗俗的語言）。
2) 保持優雅的態度。（莫讓對象感覺慌張、強勢）
3) 站在幫對方著想的立場。（不要令其產生強迫推銷的想法）
4) 展現替客戶服務的精神。（熱忱使鋼鐵軟化）

如：「我想請您花二分鐘聽我說明。」有命令的感覺、對方有義務聽您說嗎？「有這個榮幸佔用您花兩分鐘為我的說明提供寶貴的意見嗎？」請教式問句，優雅又有禮貌。

2. 開場禮儀

開場第一句不可以是「喂！」然後等對方回應，請改成完整句的：「您好，我是 OO 公司姵芬（林姵芬專員），請問是郝先生嗎？」——「您好」是開場問候、「我是 OO 公司姵芬」先自我介紹、「請問是郝先生嗎？」然後請教對方。這個順序很重要，不可顛倒，否則便沒有禮貌，譬如，先自我介紹再請教對方，而非先請教對方再自我介紹，而問候是在最前面，而非「請問是郝先生嗎？」放在前面。雖然這是細節，卻在一開始時便無形中深刻影響受訪者的印象。

大部分的電訪都會提到公司名稱，但「我是誰」卻經常被忽略，對象會因而覺得缺乏安全感，甚至有被滲透感，因為，電訪員知道我的個資，我卻連對方是誰都不知道！所以對象會潛意識的拒絕再吐露任何資訊、拒絕受訪，甚至悍然問您資料是哪裡來的？要化解這種焦慮的最佳方式，便是要讓雙方位置對等，我也告訴您我是誰，很多電訪員對這個動作有顧忌，但請問，如果您不願意告訴對方您是誰，那對方為何會那麼樂意告訴您他是誰？告訴對方您是誰，對象心防解除八成，那他的猜疑和彼此的隔閡才有打破的可能。

3. 突發狀況

　　長時間電訪，不自主清喉嚨或突發事件時，應掩住話筒以免失禮；電訪時絕對以電訪為重，其他雜事都應等這通電訪完畢再談（處理），所以電訪時亦應專心，避免轉筆、做雜事、東摸西摸，以免分心、製造噪音，或造成短暫中斷。總之，應該讓自己和對方完全融入這個完美的情境，這才是「專業」。如果有突發性「小」失禮情況發生，說聲「抱歉」帶過即可，然後隨即切入正題，不用多做解釋；如果情況較大亦一句帶過即可（如：抱歉，工讀生打翻東西－－編個理由，把責任歸給第三者），不要岔開話題，繼續保持在電訪的主軸上。

4. 電訪時間

　　一般而言，九點以前客戶應該還沒到辦公室就定位，或還沒起床，不宜打電話，此時對象也可能下床氣還沒消、大腦還沒完全活動，也比較容易碰壁。中午十二點到一點半也可能是客戶的午休時間，此時打擾也可能遭到嫌惡，同理，晚上六點到七點半也不太適合。以上這些時段

業務員可用來做行政、準備工作，也可當成自己的休息時間。

所以，業務員上班的時段，也可能就是適合電訪的時段（有特殊約定者除外）。下班後，還是可以利用晚間時段電訪，這時段對象大多在從事休閒活動，心情放鬆，也比較沒有公務干擾，業務員勤奮的精神還會令對象感動，效果反而較好呢！

但因為每個人方便受訪的時間都不太一定，所以如果電訪時對象說現在沒空，可以客氣的請教他方便的時間。

5. 感受對方的情緒

接到行銷電訪，大部分的人都不會很熱情，所以必須判斷他是防衛性拒絕，或是正處於「風頭上」（特徵：說話尖銳或異常冷峻、有責備性），如果對象處於情緒性狀態，此時電訪他除了不禮貌當然也很不智，可以擇日再訪。如果對方是一般性的防衛性拒絕，則可運用電訪技巧試圖步步突破（見第三單元）。

二、「聲緣」提升受訪率

見本書〈專業形象～說話篇〉。特別要注意的是，我們不是要採用調查、詢問式的電訪（您有 OO 需求嗎？沒有……好，謝謝。）而是建立情感、日後可再聯繫的電話拜訪，所以務必親切，讓對方感受到我是專程來拜訪的誠懇和熱情，並在談話中預留下次拜訪的機會。

三、流程、話術範本

電話接通後，要怎麼說？要說甚麼？這些都需要有一個固定且熟悉的模式，所謂「熟能生巧」，等熟練這些模式才能隨機應變、見招拆招，而非一開始就福至心靈毫無章法的隨便扯淡，所以需要下列兩個範本。

1. 流程範本

不熟練的電訪員一開始拿起電話筒時，可能因為緊張，就把平日勤練的功夫都忘了，雖然能勉強完成電訪，不過卻可能七零八落或草草了事；又或者，與客戶東拉西扯，路徑都亂了套，一時回神不過來，不知如何應變。所以應該事先準備一份流程範本，當不知所措時，趕緊按範本的流程迅速返回正題和行進路徑，以順利有效達到約訪目的。「流程範本」見附錄一。

2. 話術範本

電話拜訪因為沒肢體動作和臨場問答的輔助，所以是否能夠只用語言表情，一次就讓對象完整而有條理的接受您有說服力的內容便更形重要！而這成功的秘訣不在臨場反應，而在事先就要先制定一份完整的話術範本。話術範本會因客戶區隔而有所不同，見〈提升成功率～話術設計〉，「話術範本」見附錄二。

流程範本和話術範本應早就反覆演練到滾瓜爛熟並且能隨機應變為止（因為對象的反應不會照著劇本走）。請不要死背，因為背誦出來的效果會很沒有感情，熟悉它並用自己自然的語言與情緒呈現出來就是最棒的。

四、訓練步驟

　　雖然一開始您可能是菜鳥，但還是應該力求一切都準備就緒後才出手，因為電話打出去，對象可能不記得您的名字，卻一定會記住公司的名字，所以電訪品質代表的是公司的形象。此外，功夫未臻成熟就「下山找人較量」，最後傷痕累累、身心俱疲，也只會加速自己退出市場，所以電訪前訓練至純熟十分重要！

1. 自我先前練習
　　學員可以先獨自練習各種流程、話術、狀況處理、口條，並錄音起來重聽，以發現自己的缺失，也可據此請教他人。

2. 相互演練
與夥伴相互演練，模擬臨場狀況，並互相觀摩指正，「演習視同作戰」，演練要逼真嚴肅，不可嬉鬧搞笑，否則全然沒有實效可言。

3. 主管陪同
　　在主管或夥伴陪伴下以擴音或三方共聽功能開始進行陌生電訪，陪同的目的在克除緊張和協助處理突發狀況，擴音或共聽的目的在使陪伴者聽到並了解整個電訪過程，以提供改進的意見。但主管此時切勿出聲（插話、臨場指導），只是做紀錄，讓夥伴獨自完成作業後，再做整體檢討。

4. 熟人做起
　　從熟人電訪開始實作，培養說話經驗並練習狀況處理，結束後還可以請教他們惠賜寶貴的意見和改進建議。

5. 單兵作戰

　　陌生電訪實際作戰已經開始了，加油，您可以的！正式電訪中，在場其他人除了必要的協助外（如：遞送對象詢問資訊），請勿在過程中插嘴、比手畫腳指導，甚至擺出「您怎麼這麼說」的態度或動作，以免使電訪者分心、不知所措，並使過程變得更加凌亂複雜。陪伴者可紀錄下觀察的優缺點、改進意見，事後再與電訪者一一檢討。

　　任何練習都會讓生疏變熟悉，然後成為習慣，最後變成反射動作，這時就成為超級電訪員了，只要一機在手，就可在冷氣房裡訪遍全世界了。

電訪前準備

　　出發總要有個方向並且準備齊全，而且最好萬無一失，Are you ready？同樣的，電話陌生開發之前，也必須做好準備工作。

一、名單收集、篩選與客戶區隔

　　要電訪須先有電訪名單，業務員會因為舊客戶介紹、訪客、參加（舉辦）社團／活動／聚會、隨緣……等原因遇到很多人，並主動與人認識、交換名片、承諾協助……因而獲得很多新名單。有了新名單後便會可再一步接觸，但接觸前還要做下列兩個動作：進行篩選與區隔，以準備後續的切入：

1. 篩選

　　以「區域性」為條件，選擇以後容易親訪的對象來做電訪，並排除不適合的對象，如：特種行業、感覺怪異者。

2. 區隔

　　這些名單除了提供姓名、電話、地址外，或許還可以發現下列幾個有用資料：職業、性別、職級……，這可供做目標客戶鎖定。

1) 職業

　　不同職業的人有不同的需求，因而有不同的話術，我們需先想好切入的點。

2) 年齡

　　年齡小的人可能未婚、收入少；年齡大的人可能已婚、有家庭、收入高，需求與切入點會不一樣。

3) 職務

老闆、自營商、職務高的人、職務低的人、主婦……。每個族群切入的點不一樣，應先設計好吸引該族群的破題話術。

4) 性別

男性大多以事業、女性大多以家庭為思考出發點，然後延伸不同的需求，開門話術便不相同。此外，男性重理性與工作，女性重感性與生活；而 Call 異性的成功率也會高一些。

5) 其它

根據您收集到的資料，如同校、同社團、旅外同鄉、同興趣……，去分析可以切入的需求話術。

二、準備物品

「工欲善其器，必先利其器」，下列物品必須放在隨手可得的「固定」位置（位置固定可養成反射動作），以隨時使用。

1. 備用資料

原則上，電訪以約到面談為目的，客戶如有問題是我們約訪的好時機（林先生，這個問題我當面跟您說明，這樣會更清楚，明天早上或下午我去拜訪您比較方便？）但有時對象剛引起興趣，您卻沒有滿足他任何好奇，就要邀約面談，也可能導致客戶的熱情熄滅，所以適當回覆對象問題，「恰好搔到癢處」旋即進行約訪，這是最恰當的！因此需備妥下列物：

1) 商品手冊。

2)Q&A 整理表。

3) 資料夾。

4) 其他慣用物品。

2. 電訪紀錄

電訪如果沒有隨時將重要資訊紀錄下來,很快就會遺忘、搞混,所以務必一邊電訪一邊紀錄。

1) 電訪 MEMO

如果客戶願意接受訪談,那就應該紀錄下和他訪談的重點,並填入準客戶卡,以便下次訪談時能有所依據。

2) 電訪統計表

每天、每週、每月、每年,我們電訪了多少人?受訪了多少人?成功面談了多少人?成交了多少人?成交了多少金額?把它們記錄起來有兩個功能,一是,紀錄是否有持續電訪,還是只是一時的熱度?二是,做成一份完整的紀錄,以供日後做績效檢視。「電訪統計表」見附錄三。

3) 注意事項

為了方便一邊電訪一邊紀錄,應該養成正確的姿勢:左手持電話筒並以左耳聽電話,以便右手書寫,避免用肩頭夾電話筒,以免不良姿勢造成頸肩痠痛,並應保持坐姿的直挺端正,否則長時間下來,會對身體造成嚴重傷害。

電訪進行技巧

如果對象至此還沒掛斷電話，那表示他「沒有強烈拒絕」的意思，這時必須更積極、更有技巧的處理，以便達成更深入的談話，可以用「假設成交法」採取更積極的動作，而不是等對象說「好吧。」否則，他永遠無法被您的殷勤所感動。

一、電訪兩大新原則

1. 專訪而非電訪

您一定常接到電訪電話，十之八九您的第一個反應就是：「又是一通推銷電話，說我在開會趕快打發掉！」如果您的電訪方法不變，那麼您的電訪對象也會有這種反應！所以您應該扭轉對象產生同樣的反射反應，也因此，我們的理由、態度、說話方式等，都應該顛覆過去的電訪模式，變成「我是專門來拜訪您的」！

調查式案例：

「您好（沒有稱謂），我們是 OO 公司（沒有自介紹），公司最近推出一個適合您的新商品，有高紅利分配（彷若照劇本唸的錄音原聲帶），請問您平日有在理財嗎？（未等客戶回應即進入問卷或推銷）」

專訪式案例：

「您好（等候客戶回應），我是 OO 公司姵芬，請問是陳先生嗎？（等候客戶回應）很高興認識您！我們知道您是一位成功的經理人（客戶可能會謙推），像您這樣優秀的商務人士（讚美），應該會很注意理

財，並且很重視報酬率吧？（聲調親切的像在問候）公司為您們這種青年菁英（六十歲以下都適用）設計了一個理財專案，我可以冒昧的佔用您兩分鐘時間，請您指導我這個專案還有甚麼需要改進的地方嗎？（請教法）」

調查式和專訪式電訪有何不一樣？

1) 互動式—發問並等待回應

不要滔滔不絕，強勢單向傳播電訪者的訊息，反而要刻意用問句、等待對方回應等方式，讓談話變成互動式。如果客戶對我們的恭維、請教有反應應該讓其發表，再打蛇隨棍上加以肯定和衍生話題，但請注意，衍生話題應與主題有關，以免越扯越遠，否則即應立刻拉回主軸。

2) 聲調與會談內容

聲調不要像電話市調員那般生硬平直，應該親切、有笑意、自然，像和好友面對面交談一樣；談話內容可以「適時適當」（切勿太多）的幽默、讚美，展現親和力和吸引力。

3) 請教式

不要再用「市調法」，除了浪費時間繞一圈回來推銷外，更有不誠實仿若詐騙集團之感。也不要一直咄咄逼人問為什麼、為什麼，對象有義務回答您嗎？應該肯定對方的見解，並進而請教他的看法。

2. 柔性的主控

態度要柔軟，場面卻要 Hold 住！一方面，我們必須放低身段、態度謙遜、神情柔和，讓對方增加接受度，但另一方面，卻又要在無形中掌控流程的進展、得到想要的資訊，進而達到約訪的目的。雖然望似深奧，但其中技巧只要多加演練，便能熟稔的掌握。

1) 拋出問題

拋出問題「請教客戶」（而非「請客戶回答」，切記！），柔的是我們虛心請教客戶，Hold 住的是問題是在行進軸線上的。

2) 自導自演

遇到冷感型的對象十問九不答，為了避免冷場，就照著範本進行，但行進時不要唱獨腳戲，甚至需要更熱情，還是要不斷詢問對象意見，並給於回覆的等待時間，企圖帶動對象的參與熱情，雖然對象可能還是表現冷漠的樣子，但內心可能已撩撥起來了（台下越冷漠，台上越熱絡）。

3) 拉回行進主軸

遇到發表型的對象可能一發不可收拾，一表三千里，這時應該給於讚美後，自然的拉回主題。「林大哥，您的人生閱歷真是豐富啊，我相信您也因而更體認 OO 的重要吧！」

二、訪前注意事項

讓身心處於最佳狀態才能提升電訪成功率，有時身心因素降到極低（0%），雖待了一天卻都在做白工，如果身心因素高昂（200%），則比平日多出兩倍產能呢！

1. 放鬆心情

電訪時應保持身心的平靜和愉悅，如果電訪前與人爭執、被主管責罵、一大堆行政事務急件還沒處理，都會因為心情狀況不好，而影響電訪的品質和與對方攀談的意識，因而使成功率大幅降低。所以主管應在前一天即將業績檢討、行政作業督促等做好，讓每一天都是美好而朝氣蓬勃的開始；而完美的電訪員除了應事先做好準備外，不管遇到任何影響情緒的事務，都應該讓自己上線時是愉快的，就像一個演員，不管有什麼懊喪，一上舞台，就完全投入他的角色。

2. 訪前禁忌

電訪前一小時不可大聲說話、吃辣跟炸物（聲音易啞）、喝冰水（喉嚨收縮）、甜食（生痰）；電訪進行中可準備一壺溫茶或溫彭大海潤喉提神，但避免過熱，以免短暫傷害口腔與咽喉黏膜，使聲音變形。

三、以客戶需求破題

客戶知道這是一通銷售拜訪電話後，因為您的禮儀良好、聲緣能夠吸引人，而產生好感，所以沒有馬上掛斷電話，那麼接下來關卡便是：如何一語中的切中他的要害，使他願意再繼續談下去？原則上，對象不會對產品的功能與特色有興趣，他只會對自己能獲得什麼利益或解決甚麼問題——符合需求有興趣！所以必須以客戶的需求為出發點破題，而不是以推銷或說明商品為出發點，如此客戶才會有興趣繼續訪談下去。

一般的破題話術：「現代人因為 OO，所以 OO，根據統計……，您這麼年輕（成功、愛家……），需要 OO 商品來保障您和親愛的家

人。」

　　而根據客戶區隔制定的特殊話術更是適用（請參考「話術範本」見附錄二），如：「剛出社會的年輕人收入較有限，如果每天只用 OO 元便能獲得 OO，不會造成負擔，又能高枕無憂，可以趁早規畫！」

四、喚起危機意識

　　對象對自己的需求感到興趣了，但可能還是猶豫不決，此時必須用「利誘」的反面手法：「威脅」，雙管齊下以收其效。

　　「您這麼成功，擁有這麼多財富、地位、聲望，所以更具必須保全它們，所以必須擁有安全（健康、保障、理財、保值貴重物、安全住宅……），不然很可能失去它們。」

五、拒絕處理

　　客戶至此出現的徵候是提出各種拒絕理由來推辭（嫌貨才是買貨人），這些理由有時是真的，有時是虛應的，但都是可以克服的！這些理由與面對面推銷時的拒絕理由都一樣，所以不再贅述，只略述電訪時的注意事項。

1.四兩撥千斤、反手約談

　　電訪必須掌握一個原則：不要跟對象在電話裡做深入討論，甚至是辯解，而是以四兩撥千斤的方式在簡單說明後，進行邀約當面說明，譬

如：「是的，現在經濟不景氣，很多人都會覺得拿不出費用，但如果每天只花 OO 元便能買到 OO，應該不會有問題的，相反的，它更可以使您高枕無憂呢，因為無常和明天不知誰會先到！不知道明天上午還是下午我去拜訪您比較方便？我很樂意當面跟您做更清楚的說明。」

2.yes、then、but

　　如果對方還是緊咬問題，我們也不能一直打太極拳，讓對方留下「這個業務員很會推諉」的壞印象，這時就應該用「Yes、Then、But」三步驟原則：

1)Yes

　　「是的，大哥真是說到問題的核心了！」要肯定並接受客戶的問題，而不是否決並推卸掉客戶的問題，如果對象連把問題完整表達出來的機會都沒有，那他當然也不可能得到一丁點他想要的回答，這樣您可能賣給他任何商品嗎？

2)Then

　　「可以請您說得更清楚一點嗎？我正在『傾聽』您的問題。」這很重要，要傾聽才能清楚客戶真正的問題癥結在哪裡，而不是一味的跟客戶強辯，結果只會贏得辯論，卻失去客戶。

3)But

　　「您說的很有道理，不過……」展開我們的說明或處理。如：「是的，您真是個有責任心的人，但您的小 Baby 已經誕生了，責任不是更重了，生活的方式也須調整了嗎？」或「是的，這似乎有點誤差，我

明天下午方便過去幫您檢視一下嗎？」

3. 始終與客戶同一陣線

　　拒絕問題裡，一定有很多是關於對公司、商品、業務員的詰難（間或也是對您的詰難），這時您不是站在對立的立場強加解釋，而是「喔，如果真是這樣，那就太糟了，我很樂意幫您解決這個問題，我可以幫您處理，然後告知您答案。」用感性的方式處理客戶的抱怨；在客戶盛怒時，仍要與客戶站在同一陣線上，不要被客戶起伏的情緒影響您和順的回應態度。

六、發問藝術

　　為了拉近感情、獲取資訊、達到目的，所以必須不斷的拋出問題——發問，但問得好對象心花怒放，問得不好對象認為他在被質詢，所以發問是一門藝術。

1. 請益而非詢問

　　我們說任何一句話的問法與態度，都是「請教」客戶而非「詢問」客戶，有人問客戶問題，好似在對客戶逼供，這是不恰當的，如：「您怎會覺得這樣就足夠了呢？」請益，才會讓對象欣然接受，譬如：「您真有生活概念啊，您現在身價和責任都更重要了，方式是不是也要調整了呢？」、「我們希望的是完全滿足客戶需求，您覺得還有什麼需要補充的地方嗎？」

2. 一問一題

　　每次只問一個問題，不要一個問句裡有兩個問題，這樣對象才能精確地回覆，也才不會混淆主題、模糊焦點。如：「您覺人的身價應該彰顯在儀表上嗎？」（一問一題）、「您覺人的身價應該彰顯在儀表上嗎？儀表會吸引同類級的人嗎？」（一問多題）

3. 營造正向氛圍

　　當我們的問題一直都是正向（Ｙ）的答案時，邀約面談的問題也較有可能得到正向（Ｙ）的答案；相反的，如果客戶的思緒一直處在負面（Ｎ）的情緒，邀約面談的問題也較有可能得到負向（Ｎ）的答案。所以過了腦力激盪的討論期，進入收網期，就應該開始營造正向氛圍。

4. 從開放問句到封閉問句

　　讓對象有簡答或申論的機會，稱為「開放式問句」；問「有＼沒有」、「是＼不是」、「二擇一」，稱為「封閉式問句」。通常我們以開放式問句為始，用封閉式問句為結。因為一開始，我們需要多了解對象的資訊與看法，所以應該讓其暢所欲言，而我們應該確實做到「傾聽」，以掌握更多訊息、快速拉近與對象的距離，如：「您事業這麼成功，是怎麼規劃保全自己的資產？」、「喔，您真是一位開明又有遠見的企業家，那您對節稅有什麼看法？」

　　當要「收網」時，則越來越趨於封閉，如：「很多成功人士都會想辦法保全資產並免於受通膨影響，您也這麼認為嗎？」、「我明天

下午或上午送資料過去並給您當場說明較方便呢？」

七、其他電訪技巧

電訪技巧關乎此次行動的成功率與是否能為下次再訪做好準備，所以應多揣摩演練。

1. 前置動作

如果覺得直接電訪是一件很冒昧的事，那麼可以事先 Mail 問候、生日卡、邀請卡、DM 給客戶，然後再以請教是否收到或是否有任何指教為理由切入。這也可以視為是型錄行銷（郵寄 DM）與電話行銷的結合。

2. 告知芳名

現在有電訪單位會說：「我是 OO 公司的電訪專員，編號 OOOOOOO……」這樣雖然可以消除疑慮，但實在不夠親切感（誰會去記住沒有感情的編號？），所以還是會被人當成一通推銷電話而已。「我是林姍芬專員 ......」則距離一下就拉近了。

3. 告知目的在拜訪

一開始就開宗明義說出我們的目的在拜訪您，並讓對象知道我們有一個商品可以滿足他的需求，不要繞圈子，不然客戶會因迷惑而更心生猜疑。一般常用的「問卷法」、「市調法」等，其實已經是老伎倆了，

根據一份報告指出，民眾對於這種「假市調之名，行推銷之實」的作法更形反感。

4. 給我三到五分鐘

　　大部分的對象都不會樂於接受電訪，但大部分的對象都不會是壞人，只是怕被騷擾，所以可以一開始就言明「可以佔用您寶貴的 3-5 分鐘時間跟您做個簡潔的說明，並請您給我一些建議嗎？」很多人會因而不好意思拒絕，而當您們聊開了，當然就不以 5 分鐘為限囉，但請記得還是以約訪為目的！

5. 重點切入，長話短說

　　話術設計不要有太多形容詞、旁枝末節、一切聽我細說從頭……，不然對象一定會受不了，要一語中的、讓對方「一聽瞭然」主旨，如：「人越老越會生病，所以政府打算推出長期看護社會保險，我可以有這個榮幸借用您三分鐘時間，請教您的需求和看法嗎？」理由、需求、目的，都言簡意賅一句說清，對象有興趣，我即可進行邀約面談。

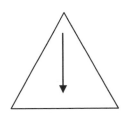

一個重點切入，再延伸其他重點

長話短說，從一開始就落落長對方也會霧煞煞

6. 隨時讚美與肯定

低下的人需要別人的讚美來提升自信，有成就的人需要別人的讚美來肯定他的成功，所以人人都渴望得到讚美與肯定，不管是小到他的聲音很年輕或大到他的事業有成，隨時在電話中讚美對方，他除了會捨不得掛斷電話外，還會覺得您說得對極了。「這是為您這樣成功人士設定的專案。」「您的談話很有條理，口齒清晰，應該受過很好的教育。」「像您這麼好的母親，一定會幫子女設想得很周到。」如果真的沒有讚美的線索，「您的聲音真好聽，真想見見您本人。」也是慣用的話術。

7. 不要批評對象或他人

在交談中，不要說客戶自私、懶惰、缺乏遠見等私德問題，如：「林大哥都不關心家人的死活，這樣有點自私吧！」可以改成：「林大哥一定是忙到無暇想到這個問題，您這麼認真工作不就是為了他們嗎？」當然也不要批評到他人或政府、名人，不然對象一定會認為，您心裡其實也這麼批評我吧？您這個雙面人！

8. 改變稱謂

剛開始我們都會稱呼對方為 O 先生或 O 小姐或 O 職稱，並稱自己為我，但可以隨著電訪的演進，悄悄的改變稱謂，無形中建立親密感！如：「『林大哥』，您真有智慧啊，『姵芬』真是茅塞頓開，以前我都沒想過這個問題耶！」

9. 從「您」變「我們」

稱呼對方為您或職稱是禮貌、稱呼對方大哥、大姐是在建立親密感，最後變成「我們」，無形中產生一體感。如：「林大哥，那『我們』的商品設計書周三下午三點送過去好嗎？」

10. 探詢可切入點

　　初訪不宜探詢個資，但如對象有主動提及下列事項，則是很好的切入點，可加以運用。

1) 個人狀況

　　大部分的人 Care 的是自己和家人，所以當他有提及自己的各種狀況和資料時，都應該立即記錄下來，並加以切入。「林大哥，您經常出差，是否覺得買一台堅固的好車，對自己才是有保障的？而且唯有您的人身保持安全，家庭才能保持安康？」從他自身需求切入，再推衍到整個家庭連帶受益，便是一個好話術，又如：「林大哥，雖然您覺得省下治裝費可以多給家庭開銷，但，穿著體面、形象好，更能增進增加收入的機會，這樣才能真正讓家人過富裕的日子，您覺得呢？」

2) 家庭狀況

　　如前所言，大部分的人 Care 的是自己和家人，所以當他有提到家人時，便是一個切入點。「林大哥，我也有一個讀國三的女兒，所以很能體會您的心情……」

3) 生涯變動

　　升職、加薪、新婚、添子、兒女就學、規劃退休、購屋、車貸、親人往生、住院……每個變動都可以是一個切入的商機。「恭喜林大

哥高升經理，所謂『佛要金裝，人要服裝』，如果您打扮得更體面，一定更有經理的架式，以後一定更一帆風順！」「我很難過令堂住院，如果他有服用保健食品，平日應該就有保養的功能。」

11. 代接變隨緣

如果您要電訪的對象不在，而是由他人代接，千萬不要掛斷電話，因為那個代接電話的人就是您的電訪對象，不要客氣，對他進行電訪！

12. 盡量取得電子資料

我們已經擁有對方很多資料，但還是盡可能再得到他的電子信箱或部落格，因為這樣在後續的傳送資料中，可以減省很多時間和成本。

13. 立刻被掛電話時

假如打通電話說明來意後對方立即掛掉電話怎麼辦？所謂「哪裡跌倒哪裡爬起來，還要順便看看地上有沒有鈔票。」鍥而不捨的再打一次，「對不起，剛剛電話不巧斷線了，所以冒昧再打一次……」對象很可能因為自己魯莽的行為而感到抱歉，進而順利約訪。

八、約會與結束技巧

經歷了一番電訪之後，便要做個當面面談邀約，這樣才算達成任務，而這也需要一點技巧，或者邀約沒那麼順利時，要如何應對轉圜？

1. 給面談一個理由

找一個名正言順的理由進行邀約，如：「林大哥，『方才您提到的問題我都有記錄起來』，週三下午我拿資料過去給您，並當場做一個說明，您方便嗎？」

雙括弧內的理由可以改成：「感謝您對我的提議感到興趣，請給我一個機會再跟您當面說清楚」、「我約略了解您的需求了，我可以試做一份商品計劃供您參考」、「從您身上學到很多，公司最近發行了一個公仔娃娃，我想致贈給您答謝」、「OO節快到了，我可以送一個公司紀念品過去。」、「您的反應我記起來了，我當面去做個商品檢視」……

2. 拒絕處理

客戶此時最常用的拒絕話術便是：「不用麻煩了，您寄過來就好了。」這時有幾個話術可供使用：

「這分資料（計畫）需要當面解說才會清楚，我大約只花20分鐘左右即可，可能會佔用到您一點時間，但我覺得跟一輩子比起來，這是值得的。」
「我剛好會到貴處附近去，我可以順便將資料（公仔）將給您，一點都不麻煩。」
「拜訪客戶也是我們的例行工作之一，希望您給晚輩一個機會服務您。」
「我很希望再得到林大哥的當面指導，希望您也不吝指導我。」

3. 表現對面談的強烈渴望

約訪是否能夠成功,與您是否表現出對面談的渴望與堅持成正比!「林大哥,我很希望能得到您當面的指導,這會是我很大的榮幸」、「我真的很想見見您本人!」當對方感覺備受尊崇或重視,自然會較樂意出面。

4. 約定時間地點

要約訪當然要有時間和地點,地點大多以對方辦公室或方便為主(如非公共場所或開放空間,一開始應請主管或夥伴陪同)。時間上問題會比較大,為了加強客戶下定決心,通常會使用下列三個方法:

1) 三天償味期:

如果很心急的約明天,對象一定會覺得很有壓迫感,如果過了一周熱情又冷了,所以約三天裡是最恰當的,壓迫感解除,但記憶猶新。

2) 打擾 20 分鐘

告訴對方,不會打擾很久,大約 20 分鐘,降低對象預期會受到打擾的先入為主排斥感。

3) 棄而不捨使用二擇一法

對方如果能爽快的約定時間當然是最好的,但對象大部分給的答案都是「有空我再通知您」、「我要再查一下行程」,所以要不斷使用二擇一法促其下定決心,如:「週三上午或下午方便嗎?」、「整天都在開會喔,那晚上七點或九點能請撥冗指教嗎?」、「林大哥上班時間都

很忙，那週四中午或晚上七點，希望最不要打擾到您。」

4) 時間要很明確

約定的時間要很明確，不能是周五「晚上」，晚上範圍很大，您方便，客戶可不能等整晚；也不要是七點「左右」，那客戶如果七點來了，是不是要準備接受您的遲到？如果是七點，那要不要一起用餐？否則即應避開用餐時間改約八點。

5. 感謝與再提醒

如果約訪成功，那表示您已經又向成功邁進一大步了，恭喜您！此時千萬不要得意忘形，要做個漂亮的 Ending，感謝對象接收訪問、惠予指教、給您一個服務的機會，也承諾一定會幫他做一個完整的說明，當然，不要忘了再複誦一次面談的時間、地點，除了是確認，也是提醒。

6. 爭取再訪

如果您沒有達成約訪的目的，不要喪氣，很少人會在第一次面談時即獲得合約，同樣的，也很少人會在第一次電訪時即獲得面談，您不會在客戶第一次拒絕購買時就放棄，同樣的，您也不應該在對象第一次拒絕面談時就放棄這個名單，此時您應該做的是，爭取下次再訪的機會。如：「林大哥短期內抽不出空檔真是我的遺憾，那我可以先mail 一份資料給您指教嗎？」、「喔，那真是我的損失，剛剛林大哥的問題我都記錄起來了，我在更明確的查證後，幾天後會回覆您。」當然，最後還是要有一個漂亮的 Ending。

電訪後整理

一、整理並完成訪談紀錄

　　電訪完成獲得面談機會，正是「銷售」的開始，電訪只是「開發」，所以此時，您應該為面對面推銷做好準備，因此這時，您要整理好這次的電訪紀錄並填

準客戶卡，以留下完備的資料，以供日後使用。

　　另一方面，您也要每日完成「電訪統計表」，結算今日（每階段）的電訪成果，以便進行績效評估與輔導，這部分與〈績效評估與輔導〉完全一樣：

1. 電訪數／達成率：有無達成預計中的電訪數？達成率多少？
2. 成功數／成功率：有無達成預計中的成功數？成功率多少？
　3. 檢討原因，提出改善方案。

二、準備面談或寄發資料

　　如果是成功的約訪，那就趕緊依據面談所得資料著手準備面談時的事物；如果並未約到面談，那可以改寄 Mail，不管對象是否同意，您都可以 Mail，這並不傷害到禮儀，有 Mail 下次才有再電訪的理由。

　　如果您沒有要到 Mail，但覺得對方是個 D 級以上客戶，可以採用郵寄方式，但郵寄時不要影印個資料、直接 Copy 名錄剪下來、貼個印刷品郵票、用釘書機封口就寄出去了，這樣會讓人認為是收到一封廣告 DM，說不定還沒拆開，就直接進入垃圾桶了。資料當然可以是影印的，裡面附上一張手寫短箋（感謝、說明、祝福）、名片、信封用手寫，

用平信工整的寄出去，讓對方認為收到的是一封有誠意的拜訪信。

三、情緒整理再出發

就跟任何的推銷開發一樣，電話開發也會遇到很多挫折，或許十通電話中有八通在講明來意後就掛斷電話，或許對象的態度不友善、或許打了半天卻沒約訪到一通……，但我們必須確認，天下沒有不勞而獲的事，推銷尤為如此。

1. 開發就是機率

您可以把電話開發當成是一種快速又輕鬆過濾目標客戶的方式，或許今天撥了兩百通電話，只得到一個面談機會，但這樣一個月就有三十位拜訪對象，而且這樣得到的準客戶，都是有購買意願的，所以日後成交率也較高。此外，隨著電訪技巧的提升，電訪的成功率也會跟著提高，所以千萬不要氣餒。

2. 重複再訪

電訪過一次失敗的名單，不見得就是無效名單，如果評估為D級以上客戶，那就應該持續拜訪，因為透過多次的再訪，對象也會從D級一直往上升，所以在電訪中，除非是「超級奧客」否則都可以在「約一個月」（太密集對象會有壓迫感）後再訪、二訪、三訪，「連先生嗎，我是上次打電話給您的姵芬，您上次反應的問題我幫您找了一些資料……」。

3. 交換名單

如果您已經決定要放棄這個名單了，那不妨跟夥伴交換名單，因為耕耘了這麼多次，或許對象已經有些心動，不然至少也有些概念了，放棄是很可惜的！但彼此磁場不合，或許交換名單後就會手到擒來呢！

4. 保護自己

電訪獲得的準客戶因為不知其底細，所以必須小心，面談不要在非公共場所或非開放空間（如於公寓、套房、飯店內），第一次應偕伴前往，如發現情況怪異應立即藉故離開。出發前並先跟主管、夥伴說明去處。

結論：成功之道在於恆與方法

「有恆為成功之本」是大家從小就知道的，但能做到的人很少，因而成功的人更少，然而成功的人都能見證「有恆」是他們成功的關鍵因素，其中尤以業務開發為然。「恆」讓我們百耘得一，千耘得十，萬耘得百⋯⋯，最後建立起自己的協力者中心，之後不斷輾轉介紹，就不用再愁沒有目標客戶了。相反的，假如無恆，則一曝十寒、功虧一簣，自然凡事不成。

此外，因為「恆」，讓我們的技巧越趨成熟，所以成功率不斷提升，從 1% 到 2% 到 3%，不要小看這 1%，事實上他代表的更是 1 倍、2 倍、3 倍⋯⋯，所以大家務必貫徹執行，「天道酬勤」，成敗在我，加油！

流程範本

（N：拒絕時處理）
各階段話術（聲調務必親切，彷若面對面）拒絕處理與說明

1. 開門
您好，我是 OO 公司林姵芬專員，請問是郝先生嗎？
（如非郝先生，以接話人為對象）

2. 破題
我們公司最近有一個專門為優秀企業主管設計的「企業菁英專案」，不
知道可以佔用您 3 ～ 5 分鐘的時間，為我的說明做個建議嗎？
（破題可視對象不同而變更，見話術範本）

3. 爭取面談
只佔用您 3 ～ 5 分鐘，可以請郝先生幫我指正嗎？
（N：郝先生那我明天下午再打方便嗎？）

4. 引起興趣
像郝先生這麼成功的人士最需要的便是 OO，所以公司特別量身定做了
這個專案，可以使您的身價不斷升值（視商品功能引發需求）喔！
（先初步瞭解對象的身份，再以他可能需要的需求為話術切入。訪談過
程要親切，營造專門拜訪的感覺。）

5. 簡單說明
郝先生不貴是成功人士，很注意自己的價值！簡單說，我們可以滿足您
的下列需求……

6. 拒絕處理

是的，郝先生說得很對，很多人都會有同樣的疑慮，但從另一個角度來說……

轉換專案再訪 郝先生，您應該是位積極型的企業主管，另一個「企業主管方案」可能更適合您的理念。本段視情況運用

7. 進行邀約

喔，詳細的情況如果我能當面跟您說明，那會更清楚。周三下午還是上午郝大哥您比較方便呢？（轉換稱謂）

8. 拒絕處理

像郝大哥這樣的菁英，公務一定很繁忙，所以我只拜訪您二十鐘，絕不會造成您的困擾！（強調不會造成打擾）

9. 持續邀約

那晚上八點呢？（N：那我先寄份資料給您指正，請問 e-mail 是…）

10. 感謝與確認

謝謝郝大哥，您的賜教讓我受益菲淺，我很期待能當面跟您學習。最後是否可以請教您的手機和電子信箱？……明天晚上八點在貴公司六樓（再次確認），我會準時赴約，真的感謝郝大哥的栽培，謝謝。
（N：仍需表達感謝）

「話術範本」（以壽險業為例）

一、職階分類

1. 老闆：

「行政院長吳敦義和副總統蕭萬長都有近千萬的壽險年金，林董事長也是成功人士，有興趣了解一下嗎？」

「您一定會投保產險保障您的設備資產，那您的個人資產呢？」

「企業家大多會貸款運用財務槓桿增加資金，可是如果企業家發生意外這筆貸款就會毀了他一生努力的成果，怎麼辦？」

「您一定有幫員工投保團保，真是一位好老闆，那您的身價一定又數十倍於他們才對囉？」

「大老闆最重視節稅，不管是所得稅、贈與稅還是遺產稅，不知老闆您規劃好了沒？如何將資產以最少的成本移轉給子女？」

2. 高階主管：

「您這樣的企業菁英應該對獲利率很敏感，但保障資產安全和獲利一樣重要！如果能一邊保障一邊從事投資，一定很適合您！」

「醫療附約大多有最高附約年齡限制，您需要終身的醫療險才足夠喔！」

「多數企業菁英都有從事多面向的理財，不知您有完整的規劃嗎？」

3. 中階主管：

「您能有今天的成就真是我們青年的楷模呀！我可以幫您試算一下勞保和勞基法兩項退休金的額度，看看您的退休基金是否足夠？」

「景氣不好投資經常失利，定存利息又抵不過通膨，分紅保單您是否覺得很適合您呢！」

「子女教育基金應該及早規劃，趁子女年輕投保便宜很多！」

4. 基層人員：

「現在最重的便是如何用最低的金額購得最高的保障，您說是嗎？」

「一天如果花不了 10 元，應該不會造成您的負擔。」

「不論金額多少，您一定多少有在儲蓄，如果轉換為年金或定期還本，活得越久領得越多，會更划算喔！」

二、工作屬性分類

1. 內勤：

「如果在退休前上班的這段期間增加保障（定期險），最能提供您各種貸款和對家人的保障。」

「每個月固定存下五千元，再搭配勞退和公司退休金，退休後就不用愁了，是的，我可以幫您試算一下。」

「您一定有定期儲蓄，但如果有比定存更好的儲蓄方法，您願意聽一下說明嗎？」

2. 外勤、藍領：

「我們整天在外（工廠）忙碌，風險確實大了一點，如果一天只要 3.7 元便能獲得一百萬意外保障和殘廢給付，就不用擔心家人了！」

「整天曝露在較高的工作風險中，比別人需要更多的醫療後盾，但現在的健保醫療給付減縮，如果意外發生了，怎麼辦？」

「意外經常伴隨意外醫療費用的支出，這對我們外勤（勞動者）來說，更是巨大的地雷。」

三、性別分類

1. 男性：

「整天在外打拼事業不就是為了給親人一個安定的家？但也因而曝露在較高的風險中，萬一棟樑垮了，房子不也倒了？怎麼辦？」

「您事業繁忙又經常奔波，身心都在透支，無暇管東管西，一勞永逸的方法便是設計一個全方位的保險組合，來保全您的資產。」

「美國總統杜魯門說：『即使一個窮人，也可以用壽險來建立一項資產。當他創造了這一項資產，他可以感受到真正的滿足，因他知道有任何事件發生，他的家庭都可受到保障。』我想您一定感同身受！」

2. 女性：

「您一定很重視孩子的教育，給他學才藝、補習，您一定也會想到他們教育基金的問題吧！」

「現在文明病、重大疾病和意外越來越多，只要一個家人罹病，就會推拖累整個家庭，所以幫家人買足夠的醫療險很重要！」

「外型甜美的新聞主播馬雨沛，在出國深造期間發現罹患乳癌。經過七次開刀、四個週期的化療，打了一整個月抗生素，目前仍定期到台大回診，每半年還到美國檢查一次。可見疾病可能找上任何人！」

四、年齡分類

1. 青年

「您有試算過，這輩子價值多少錢嗎？但如果意外一來，就甚麼都沒有了，您要保住自己的『身價』！」

「剛出社會的年輕人最需要的是廉價又高額的意外險和定期險，先

保住生命價值，才能給家人未來長久的生活帶來保障。」

　　「您一定有女朋友或妻子了吧？如果現在沒有將來也會有，您希望他嫁給您時，是有充分保障的，還是充滿不確定性的？」

2. 中年

　　「您收入開始穩定了，但面臨的卻是更大的支出：兒女教育基金、各類貸款、給父母的安養費……，是否有思考過理財的規劃？」

　　「您已經明白了，年齡越大保費越高，是不是要趁現在給子女買個價格便宜一半的保單！」

　　「您的責任已經跟年輕時不可同日而語了，您必須做個保單健檢，找出保障缺口！是的，我可以協助您！」

3. 中老年

　　「您是否開始為退休生活做規劃了？否則這個重擔就會落到兒女的身上，我們總是不忍心拖累他們，對不對？」

　　「您一定開始感受到體況大不如前，膝蓋會痛，各種體檢指數開始出現紅字，很多人年輕時可能都不能體會醫療險的重要，現在應該可以體會了吧？」

　　「您是否已經開始規劃，如何以最少的稅賦將財產移轉給子女？」

4. 老年

　　「您一定開始意識到老來醫療、照護、安養的重要性了，但偏偏附加醫療險又有附加年齡限制，那您可以考慮終身醫療險和一次給付險，但動作要快，因為它們還是有最高投保年齡限制！」

　　「很冒昧的說，但這是人生一定要遇到的問題，事先處理好遺產真的是當務之急！」

　　「很多老人家已經開始投保了，因為他們不想最後一程的支出費用給子女帶來負擔。」

「電訪統計表」日／周統計表

第一周

日期	/	/	/	/	/	/	/
星期							
電訪數							

成功數

周合計　　電訪數：　　　、成功數：　　　、成功率：　　　％

備註

第二周

日期	/	/	/	/	/	/	/
星期							
電訪數							

成功數

周合計　　電訪數：　　　、成功數：　　　、成功率：　　　％

備註

第三周

日期	/	/	/	/	/	/	/
星期							
電訪數							

成功數

周合計　　電訪數：　　　、成功數：　　　、成功率：　　　％

備註

第四周

日期	/	/	/	/	/	/	/
星期							
電訪數							
成功數							
周合計	電訪數：		、成功數：		、成功率：		％
備註							

「電訪統計表」－季／年統計表

月份	電訪數	成功數	成功率
月			
月			
月			
第一季合計			
備註			

月份	電訪數	成功數	成功率
月			
月			
月			
第二季合計			
備註			

月份	電訪數	成功數	成功率
月			
月			
月			
第三季合計			
備註			

月份	電訪數	成功數	成功率
月			
月			
月			
第四季合計			
備註			

年度合計

備註

大競爭力 1

銷售幸福
業務開發實戰手冊

作　　者：林金郎
美術設計：許世賢
出　版　者：新世紀美學出版社
地　　址：台北市民族西路 76 巷 12 弄 10 號 1 樓
網　　站：www.dido-art.com
電　　話：02-28058657
郵政劃撥：50254486
戶　　名：天將神兵創意廣告有限公司
發行出品：天將神兵創意廣告有限公司
電　　話：02-28058657
地　　址：新北市淡水區沙崙路 25 巷 16 號 11 樓
網　　站：www.vitomagic.com
總 經 銷：旭昇圖書有限公司
電　　話：02-22451480
地　　址：新北市中和區中山路二段 352 號 2 樓
網　　站：www.ubooks.tw
初版日期：二〇一六年十月
定　　價：三六〇元

國家圖書館出版品預行編目（CIP）資料

銷售幸福：業務開發實戰手冊 / 林金郎著 .--
初版 . -- 臺北市：新世紀美學，2016.10
面 ；　公分 --（大競爭力；1）
ISBN 978-986-93635-0-1（平裝）
1. 銷售 2. 銷售員 3. 職場成功法
496.5　　　　　　　　　　105016811

新世紀美學